# This is Lean

## Resolving The Efficiency Paradox

「リソース」にとらわれずチームを変える
新時代のリーン・マネジメント

著＝ニクラス・モーディグ、パール・オールストローム
監訳＝前田俊幸、小俣剛貴　訳＝長谷川圭

SE
SHOEISHA

THIS IS LEAN:
RESOLVING THE EFFICIENCY PARADOX
by Niklas Modig


Japanese translation rights arranged with Rheologica AB, Stocksund, Sweden
through Tuttle-Mori Agency, Inc., Tokyo

## 本書内容に関するお問い合わせについて

このたびは翔泳社の書籍をお買い上げいただき、誠にありがとうございます。
弊社では、読者の皆様からのお問い合わせに適切に対応させていただくため、
以下のガイドラインへのご協力をお願いいたしております。
下記項目をお読みいただき、手順に従ってお問い合わせください。

### ○ご質問される前に

弊社Webサイトの「正誤表」をご参照ください。

これまでに判明した正誤や追加情報を掲載しています。

正誤表 https://www.shoeisha.co.jp/book/errata/

### ○ご質問方法

弊社Webサイトの「刊行物 Q&A」をご利用ください。
刊行物Q&A　https://www.shoeisha.co.jp/book/qa/
インターネットをご利用でない場合は、FAXまたは郵便にて、
下記"翔泳社 愛読者サービスセンター"までお問い合わせください。
電話でのご質問は、お受けしておりません。

### ○回答について

回答は、ご質問いただいた手段によってご返事申し上げます。

ご質問の内容によっては、回答に数日ないしはそれ以上の期間を要する場合があります。

### ○ご質問に際してのご注意

本書の対象を超えるもの、記述個所を特定されないもの、
また読者固有の環境に起因するご質問等にはお答えできませんので、
あらかじめご了承ください。

### ○郵便物送付先およびFAX番号

| | |
|---|---|
| 送付先住所 | 〒160-0006　東京都新宿区舟町5 |
| FAX番号 | 03-5362-3818 |
| 宛先 | (株)翔泳社 愛読者サービスセンター |

# まえがき

数年前、私はとある大工場の工場長に着任したばかりの生産管理者からシンプルにすることの意義を学んだ。彼が言うには、あまりに複雑で完全には理解できない何かを最適化するのではなく、シンプルにすることを通じて、今まさに目の前で起こっていることが理解できるようになったそうだ。

本書の目的は、シンプルにすることの美しさを明らかにすることにある。〝リーン方式〟に関連する用語や方法論の誤解を取り除き、「ジャスト・イン・タイム」や「見える化」などの主要原則を用いたフローの効率という基本に立ち戻り、リーンの意味を再定義する。

考えがわかりやすくて単純であればこそ、管理者は数多くの商品や関係者が複雑に絡み合ったオペレーション——降りかかってくるあまたの問題や要求に気をとられて管理者がいとも簡単に混乱に陥ってしまう現場——においても、それらを応用できるのである。本書はリーンとは何かをまだ知らない人だけでなく、すでにリーンを応用したさまざまな方法論を学んできた人にも有益であるに違いない。

ケンブリッジ・ジャッジ・ビジネス・スクール校長　クリストフ・H・ロック

## 監訳者まえがき

やみくもに忙しく働くだけでは、優位性を作り出せる時代ではない。それにもかかわらずスタッフがただ忙しく稼働していると、なんとなく安心感を覚える組織がいまだに多いのが実情ではないだろうか。時代の変化は速く、あらゆるモノやサービスの価値は不確かですぐに陳腐化してしまうリスクにさらされている。組織はたえず、手持ちのモノやサービスを洗練させて顧客に届けながら、付加価値の高い領域を見つけていかねばならない。

こうした中で、「リーンにやってみる」といった表現で新しい構想を立ち上げる事例をよく耳にする。だが、このリーンとはいったい何を意味するのだろうか。素早くやる、少人数でやる、低予算でやる、失敗を許容する……といったようにリーンという言葉はさまざまなニュアンスを含んで使われる。こうしたあいまいな定義によって、本当の意味でのリーンというコンセプトが生かされず、組織的な実践も大きく阻害されていると私たちは考えている。

リーンを正しく理解し、組織的に実践していくためのカギは流れ《フロー》にある。本書のキーコンセプトとなる〝フロー効率〟という概念だ。本書はあらゆる業種・業態の組織が手持ちのリソースの稼働率ばかりに目を向ける〝リソース効率偏重〟主義から脱却し、フロー効率を用いて顧客ニーズの芯を捉えた活動に焦点を当てるリーンの実践を行うための枠組みを提供する。

「私たちがしている仕事の多くは、発生したニーズ（二次ニーズ）を瞬時に満たせないことによって生まれている二次ニーズの充足である」。これは本書においてもっともインパクトのある主張のひとつだ。二次ニーズは身の回りにいくらでもある。服が汚れてもすぐに洗わなかったためにクリーニングに出す羽目になったり、顧客を長時間待たせた結果、立腹され謝罪しなければならなくなったり、といった二次ニーズの充足は、本来は発生しないはずの余計な仕事である。二次ニーズが増えると付加価値を生み出す活動である一次ニーズに割り当てる時間が減ってしまう。つまり、生産性が下がるのだ。

二次ニーズを抑制するには、素早く一次ニーズを満たす必要がある。フロー効率はこの早さをコントロールするための概念であり、一次ニーズをいかに早く満たせるかを肝に据えている。生産性を考えるポイントは、二次ニーズの発生を抑制しながらもリソースを最大限稼働させることだ。そのレバーこそが、リソースの稼働率に目を向けるリソース効率とニーズに目を向けるフロー効率なのである。

おそらく現時点では、多くの組織がリソース効率というレバーしか持っていない。ここにフロー効率という新たなレバーを加えることによって、一次ニーズの充足に集中し生産性を高めていくことができる。この新しい考え方はあらゆる組織に対して大きなインパクトを生むと信じている。

本書は全一一章から構成されている。まず第一章から第四章でフロー効率についての理解を深めてほしい。第五章以降では、具体例を交えてリーンを実践するためのヒントがちりばめられている。とくに八章からは、フロー効率を活用して組織の生産性をデザインする本質的な方法が語られている。

本書の想定読者は、前述のように業種・業態を問わない。スタッフやその他のリソースをどのように稼働させるかを意思決定したり、オペレーションを担ったりするマネージャーの方には強く推薦できる内容となっている。さらに、モノづくりに関わるエンジニアやデザイナー、プロダクトマネージャーはもちろん、サービス業を含めてより効率的に働きたいと思っている方にとっても非常に有益なアイデアに満ちている。一四ヵ国で翻訳された世界的ベストセラーとして折り紙つきの内容だ。

本書で提唱しているフロー効率を駆使して、生産性を劇的に高める組織がひとつでも多く生まれることを願ってやまない。

二〇二一年二月

前田俊幸・小俣剛貴

目次



## 第一章 リソース重視から顧客重視へ

# 第二章 フロー効率を左右するプロセス

## 第七章 リーンではないもの 147



## 第八章 効率性のマトリックス 163

## 第九章 これがリーンだ！ 189



## 第一〇章 リーンオペレーション戦略の実現 205

# 第一二章 あなたはリーン？ 釣り方を学ぼう！ 235



本文中に適宜括弧書きで訳注を入れています。

プロローグ

# 五〇〇倍のスピード

## アリソンの場合：アリソンは癌を疑った

ある日、アリソンは左の乳房のしこりに気づいた。あることが頭をよぎり、突如として彼女は不安に襲われた。女性の一〇人に一人が乳癌を患うことを、そして乳癌が女性の最も一般的な癌であることも。考えれば考えるほど、不安がどんどん広がっていく。

月曜日の朝一番に、胸のしこりが心配すべきものなのかどうかを確かめてもらうことにした。地元の外科に電話して、看護師にしこりのことを話した。看護師はアリソンの不安を理解してくれ、親切にもその日の午後に診察の予約を入れてくれた。かかりつけの医者ではなかったが、予約が取れてアリソンはほっとした。すぐに職場に電話して、その日のミーティングには参加できないと伝えた。

外科医は親身になってくれたが、アリソンの不安を拭い去ることはできなかった。彼にはアリソンのしこりが癌かどうか、はっきりとしたことが言えなかったのだ。そこで外科医は、地元の総合病院にある乳腺科に紹介状を送り、乳腺科からアリソンに検診予約の連絡を入れてもらうことになった。

それからの毎日、アリソンは乳腺科からの知らせを待ち続けた。一週間がたち、彼女の不安は募るばかりだ。一〇日後、しびれを切らしたアリソンは乳腺科に電話をした。ずいぶん待たされたが、最後には看護師と話すことができた。看護師は、五分ほど調べた後アリソンの紹介状を見つけ、その日のうちに紹介状を読むとだけ約束した。それから四日後、アリソンは病院からの手紙を受け取った。翌週に検診すると書かれていた。

マンモグラムと超音波検査の日、駐車場や病棟がちゃんと見つかるか不安だったので、アリソンは早めに家を出た。意外にも順調にことが運び、アリソンは予約時間の四五分前に待合室に着くことができた。受付を済ますと、呼ばれるまで椅子で待っているように言われた。

ところが約束の時間が来ても、いっこうに名前が呼ばれない。五分が過ぎたころ受付に尋ねてみたところ、その日は診察が少し遅れているので、もうしばらく待つように言われた。予定の時間を一五分ほど過ぎたころに看護師が現れ、診察の遅れをアリソンにわびた。そして、専門医が今カルテを読んでいるところなので、検査室に入って待っていてくれと言う。検査は滞りなく進んだ。専門医と検査結果について話し合う日は、後日手紙で知らされることになった。

家に戻ったアリソンは、夫に募る不安を漏らした。何もわからないことが怖いのだ。不安のあまり、仕事も休むことにした。

検査の日から一〇日後、アリソンは専門医の説明を受けることができた。ところがその専門医は、検査結果からは癌かどうかわからないと言う。癌ではないとも言い切れない、と。そして二枚目の紹介状が書かれた。今回の宛先は細胞検査士。検体をラボでより詳しく分析してもらうためだ。

専門医からも曖昧な話をされ、帰宅したアリソンはいよいよ不安に打ちひしがれていた。次に何をするか、専門医が言ったことを思い出すのもままならなかった。翌日、病院に電話したが、質問に答えてくれる人と話すことはできなかった。結局、しぶしぶ自分の電話番号を伝え、折り返しの電話を待つことにした。

その日の午前遅くに病院から電話があり、アリソンが次にすべきことは細胞検査士のもとで針生検《はりせいけん》という検査を行うことだとわかった。病院はすでに二週間後のアリソンの検査予定を立てていた。アリソンは数日以内に検査を受けたかったのだが、細胞検査士はとても忙しく、より早い日程の予約はできないと言われた。

検査は不快なものだったが、思ったよりも短い時間で終わった。取り出した組織がラボに分析に出され、その結果はアリソンが二週間前に乳腺科で診察を受けた専門医に送られることになっていた。つまり、再び専門医に会うために、新たに紹介状が書かれるのである。結果が出るまでどれぐらいの時間がかかるのか、看護師は答えることができなかった。

地元の外科医の診察を最初に受けてから六週間後、アリソンはようやく乳腺科の専門医にもう一度会うことができた。今回は、心の支えとして夫にも同行してもらう。彼女の診察所見や検査結果のすべてに目を通した専門医は、アリソンに診断を告げた。

## サラの場合：サラは胸にしこりを見つけた

火曜日の朝、シャワーを浴びていたサラは左の乳房に違和感を覚えた。しこりがあるような気がする。その日の午前中はずっと不安で、仕事も手につかなかった。

昼食の時間を利用して、サラは親友のスーザンに電話をかけて不安を打ち明けた。スーザンは最近読んだ新聞記事について話してくれた。地元に開院した「ワンストップ乳腺クリニック」が新しい試みをしているらしい。地元の外科医の紹介状がなくても、女性に診察機会を与えることを目的につくられたのだった。サラが調べたところ、そのクリニックは木曜日の午後に開いていることがわかった。

火曜日からの二日間、胸のしこりのことばかり考えざるをえなかった。はじめに気づいたときより大きくなったような気がする。ネットで乳癌について読めば読むほど、不安は大きくなっていった。

木曜日の午後四時少し前、サラはクリニックに到着した。看護師がすぐに対応し、検査室で予備検査を始めた。看護師はしこりを詳しく調べたあと、乳腺外科医と相談するので待合室でしばらく待っているようにサラに伝えた。一五分後、乳腺外科医がサラを検査室に招き入れる。サラは病院にやってきた理由を話し、診察を受けた。乳腺外科医はサラにマンモグラムと超音波検査と針生検を行うことを告げた。

サラは待合室に戻った。同じ部屋にいるほかの女性も不安そうな顔をしている。名前が呼ばれたので、サラは看護師に導かれてX線室に入り、胸のレントゲン写真を撮影した。その後、超音波検査を行い、乳腺外科医はサラがすでに気づいていたことを事実として告げた。左胸にしこりがある、と。

そして、看護師に導かれて行った先で乳腺外科医による針生検を受けた。乳腺外科医は癌かどうかをすぐには明言できなかったが、検体の分析結果がすべてを明らかにしてくれるだろう。

サラは待合室に戻り、分析結果を待った。再び名前が呼ばれたとき、時刻は午後六時に近づいていた。診察室に入って椅子に座ったサラに、乳腺外科医が診断を告げた。

## これがリーンだ

本書は、私たちが「フロー効率」と呼ぶ新しい形の効率化をテーマにしている。フロー効率はある需要を特定してから、その需要を満たすまでにかかる時間に焦点を当てる。アリソンもサラも、求めるものは同じだった。二人とも、自分が乳癌なのかどうかを知りたかったのだ。そして二人とも、いくつかの検査をへて、診断を得た。しかし、二人の共通点はそれだけだ。アリソンの場合、最初の診察から最終的な診断まで四二日が必要だった。時間に換算すると、一〇〇八時間に相当する。一方のサラの場合、ワンストップ乳腺クリニックで最初に看護師に迎え入れられてから診断を告げられるまで、二時間しかかからなかった。サラの診断過程は、アリソンのそれよりも五〇〇倍も迅速だったのである。どうしてそれほど大きな差が生じたのだろうか？　二時間と一〇〇八時間では、とんでもない違いだ。

本書の前半（第一章から第四章）でフロー効率を定義し、それをどう生み出すか、なぜさまざまな決断がフロー効率を上げたり下げたりするのかを論じる。その際、自らのことを非常に効率的だと考える多くの組織が実際にはリソースを無駄にしているという点に注目して、なぜそのような矛盾が生じるのかを重点的に説明する。

後半（第五章から第一一章）では、なぜ、そしてどのようにしてトヨタが自動車の生産フローの効率化に成功し、世界で最も成功した企業の一つになることができたのかを説明する。トヨタに刺激されて、西側諸国は「リーン」という考えを発展させた。現在ではリーンは世界で最も広く浸透している経営概念の一つにまで成長した。

それにもかかわらず、「リーン」という言葉が何を意味しているのかという点では、驚くほど理解がバラバラなのである。そのため、リーンに関する理解を深め共通認識をもち、理念をうまく実装するのは不可能ではないにしても、とても難しい。本書はリーンの意味を定義し、企業がすっきりとやせる《リーンになる》方法を示し、〝リーン組織〟とはどのようなものなのかを明らかにする。

# 第一章

# リソース重視から顧客重視へ

アリソンとサラの例は効率には二種類あることを示している。リソースの効率とフローの効率だ。普通、効率と言われたときにイメージするのはリソース効率のほうだろう。アリソンの場合は、リソース効率を活かすようにつくられた医療システムにおいて診断が行われた。リソース効率は組織に付加価値をもたらすリソースを効率的に使うことを重視する。もちろん、アリソンだけでなくサラの診断でもリソースが利用された。しかしサラの診断を行った医療システムは、フロー効率に重点を置いていた。フロー効率では、組織内で処理されるユニットを重視する。この二つの例の場合、ユニットとは患者、つまりアリソンとサラのことだ。本章では、両者が体験した対照的な診断過程を検証し、リソース効率とフロー効率のあいだに横たわる重要な違いを明らかにする。

## アリソンが経験したリソース効率重視の医療システム

アリソンが利用した医療システムはリソースに焦点があり、リソースの効率的な使用に重点を置いていた。診断過程にはさまざまな組織や人がかかわっていた。地元の外科、乳腺科、X線科、細胞診断科などで、それぞれが独自の担当分野（一般外科、専門外科、放射線学、病理学）をカバーしている。

こうした医療システムを利用するために、アリソンは病院に電話で、手紙で、あるいは面談でアクセスする必要があった。病院に四回、地元の外科医に一回、合計五回の移動を繰り返し、診察をしてくれる病院と連絡をつけるのに何日も費やさなければならなかった。さまざまな場所へ自分から出向かなければならなかったし、予約の時間に遅れるわけにもいかなかった。その都度仕事を休まざるをえなかったのだから、彼女にとっても、彼女の雇用主にとっても手痛い損失だった。

最初に地元の外科医に相談してから最後に診断が下されるまでにかかった時間が非常に長

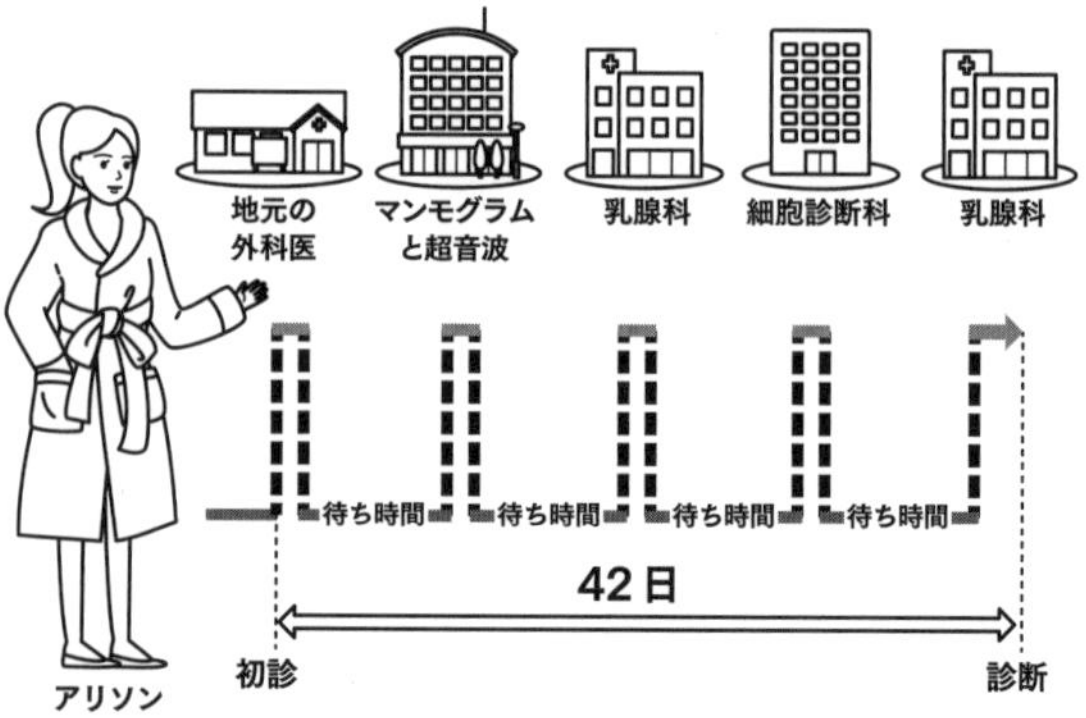


かったのに比べれば、実際に検査が行われていた時間は微々たるものだ。検査と検査のあいだの待ち時間があまりにも長く、アリソンの恐れと不安はどんどん大きくなっていった。診断プロセスにおけるさまざまなステップは、アリソンにとって価値あるものではあったが、最初から最後まで合計で六週間という時間の観点から見れば、それらのステップはごくわずかであった。したがって、アリソンの診断過程は上のように図示することができる。

## リソース効率
### ――リソースの活用

昔ながらの意味で「効率」と言うときには、リソースをできるだけ有効に使うこと、つまりリソース効率を意味している。過去二〇〇年以上、産業はおもにリソースの活用を高めることで発展を続けてきた。その基本原則の一つは、仕事を小さなタスクに分け、それらをそれぞれ異なる働きをもつ個人や組織にやらせることにあった。

もう一つの原則は、規模の経済を見つけること。小さなタスクをまとめ上げて、個人が、組織の一部が、あるいは組織が全体として、同じタスクを何度も繰り返し行うことでリソース効率を高める。ときにリソース効率が劇的に向上し、製品の単価に大いに影響することもある。

今も昔も、リソースを効果的に使うことが、効率を高める一般的な手段だ。今もこの考え方にもとづいて、さまざまな産業や分野で組織がつくられ、制御され、管理されている。

リソース効率は、人員、場所、設備、ツール、情報システムなど、製品をつくったりサービスを提供したりするのに欠かせないリソースに重点を置く。アリソンとサラの診察を行った各組織もさまざまな物的リソース——建物、待合室、検査室、X線機器など——と人的リソース——看護師、乳腺外科医、放射線科医、細胞検査士、看護助手、管理スタッフなど——を利用していた。

その際、特定の期間にリソースがどれぐらい利用されたかを計算することで、リソース効率を導き出すことができる。例えば、過去二四時間にＭＲＩスキャナーがどの程度使われていたか次のように算出できる。

**リソース**：ＭＲＩスキャナー
**リソースが使われていた時間数**：六時間
**期間**：二四時間
**リソース効率**：六時間／二四時間＝二五パーセント

この例のリソース効率は二五パーセント。つまり、ＭＲＩスキャナーは全期間の二五パーセントの時間しか使われていない。一方、Ｘ線科が開いている時間だけを期間と定義することもできる。例えば、朝の八時から午後四時までの八時間で検査が行われるなら、リソース効率は八時間中の六時間、つまり七五パーセントになる。

もちろん、リソース効率はＭＲＩスキャナーだけに限られるものではない。個別の機械や人員にとどまらない抽象的なレベルでも測定できる。複数のリソースの組み合わせをどれぐらい使っているかを計算することで、部署や組織全体の効率性を導き出すことも可能だ。組織レベルでは、リソース効率がわかれば、組織がリソースのすべてをいかに活用しているか、リソースが組織に価値を生んでいるか、それとも〝立ち止まっている〟かを知ることができる。

経済性を考えると、リソースを可能な限り効率的に使おうとするのは理にかなった態度だ。その理由として、機会費用（訳注：あり得る最善の選択肢を取らずに別の選択をすることによって生まれる損失）を挙げることができる。機会費用の例を二つ紹介しよう。

- 一〇人の医者を雇い入れた病院は、彼らをできるだけ多く働かせるべきだ。そうしないのなら、九人だけ雇って、余った資金は別の目的に使うことができただろう
- 巨額を投じて新しいX線機器を購入した病院は、その機器をできるだけ多く使うべきだ。そうしないのなら、その費用をほかの目的に使うことができただろう

機会費用はリソースを最大限に活用しないことによって生じる損失だとみなせる。リソースを最大限に活用しないなら、そのリソースに使った費用の少なくとも一部はほかのことに利用できたはずだ。ローンの返済、第三者への融資、証券への投資など、使い道はいくらでもある。どの組織もリソースの獲得や支払いに投じた資金に対して機会費用を払っているのだから、リソースを効率的に使うことはすべての組織にとって重要になる。

リソース効率の重要性を理解したければ、自分の生活を顧みればいい。例えば新しいテレビを買った場合、そのテレビを使おうとするのは当たり前で、私たちは支払った額に見合う価値を手に入れようとする。出費に見合う価値を求めるのは私たちの習性なので、リソース効率は物事を見る自然な方法だと言えるだろう。

# サラが経験したフロー効率重視の医療システム

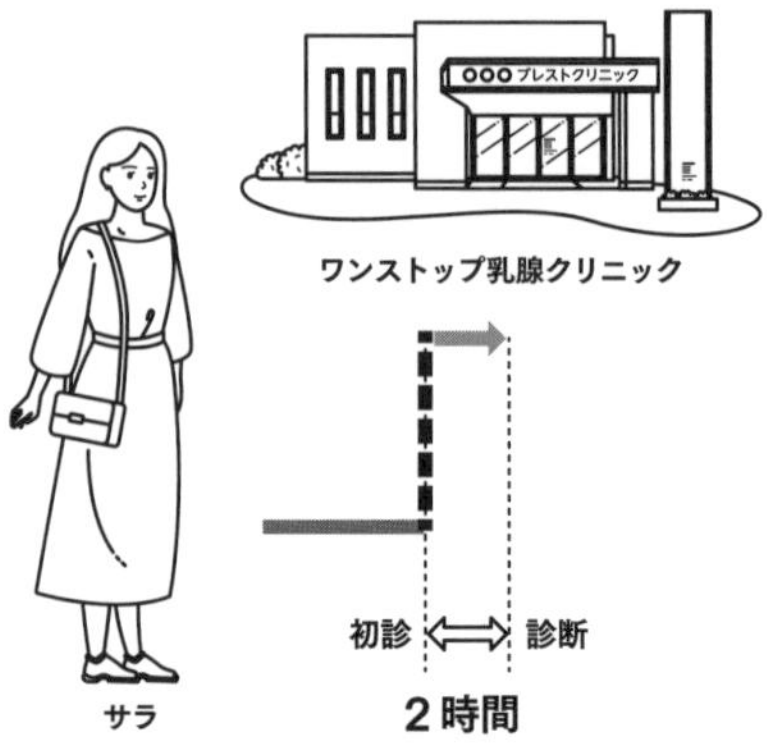


サラが検査を受けた医療システムは、一つの組織で構成されており、その組織は「乳癌の有無を診断する」というとても具体的な患者の需要に焦点を当て、さまざまな専門分野を一つに統合したものであった。組織の内部に乳腺外科医がいるし、放射線科医も、細胞検査士も、看護師も、看護助手も、管理スタッフもいる。

多種多様な専門家が一つのチームをつくっている。特定の需要にもとづいて構成された組織には、協力して働くあらゆるスタッフが必要なのだ。

結果として、サラは一度病院に行くだけで、すべての専門家に会うことができた。時間もわずか数時間。だからアリソンと違って、仕事を離れる時間もほんの少しで済んだ。結果、サラはアリソンよりも五〇〇倍も早く診断結果を聞くことができたのである。これを図に表すと右のようになる。

## フロー効率

### ——ニーズを満たす

私たちはフロー効率を新しい形の効率性とみなしている。フロー効率は、リソースの有効活用の重視という古くから馴染みのある考え方を一変する。この意味でとても斬新だ。しかしながら、フロー効率はまったく新しい考え方だというわけでもない。実際、効率的なフローの重視はすでに一六世紀に始まっていた。

具体的には、イタリア北部のヴェネツィアにあった造船所（アルセナーレ・ディ・ヴェネツィア）がその起源だと言える。当時、世界で最も強大で効率的だった造船企業だ。完全装備した商船や軍艦を一日で生産する実力を誇っていた。ヨーロッパのほかの都市では、同じ大きさの船をつくるのに数カ月がかかっただろう。
フロー効率は組織内で処理されるユニット（訳注：単位やまとまりを表す語。ここではリソースが価値を付加する対象となるものを指す。例えば、病院の患者、レストランの顧客、工場のライン上の車など）に焦点を当てる。製造業なら、さまざまな工程を通じて加工される多数の部品からなる製品がユニットになる。サービス業では顧客がユニットであることが多く、顧客のニーズがさまざまな活動を通じて満たされることになる。

この意味での効率性は、組織を貫いて〝流れる《フローする》〟ユニット、つまり「フローユニット」に重点を置くため、私たちはフロー効率と呼ぶのである。アリソンとサラの例は、異なる医療システムには、二つの異なるフローが流れていることを示している。

フロー効率は特定の期間にどれぐらいのフローユニットが処理されているのかを知る尺度になる。この場合の期間とは、ニーズが特定されてから、それが満たされるまでの時間のこと。例えば、地元の医療センターが患者のニーズをいかに満たしているか、フロー効率を通じて知ることができる。

---

**ニーズ**：患者は喉が痛い
**付加価値時間**：医者やほかの医療スタッフと過ごす時間（一〇分）

**期間：**患者の到着から退去までの時間（三〇分）
**フロー効率：**一〇分／三〇分＝三三パーセント

この場合ではフロー効率は三三パーセントなので、患者は医療機関にいる総時間の三三パーセントで価値を得ていることになる。この例では、医者や医療スタッフと対面していない時間（待ち時間）は価値を生まないものと仮定している。

フロー効率はフローユニットの観点から定義され、その際、フローユニットが価値を得る時間が重要な要素とみなされる。組織レベルでは、組織がフローユニットをいかに巧みに処理しているかが、数字としてフロー効率に表れる。フローユニットが価値を得ているか、それとも〝立ち止まっている〟かがわかる。

## 二つの医療システムにおけるフロー効率の比較

アリソンとサラの経験は、リソース効率とフロー効率の特徴と効果を明らかにしている。フロー効率を見比べると、両者の違いは明らかだ。

アリソンの診断過程は四二日、つまり一〇〇八時間を要した。各過程にかかった時間を合計二時間と想定した場合、アリソンの診断のフロー効率は〇・二パーセントでしかない。

フロー効率＝二時間／一〇〇八時間＝〇・二パーセント

アリソンにとっては、実際の診断過程のごくわずかな時間しか価値を生んでいないのである。アリソンの診断過程はフロー効率が低い、ということだ。

一方のサラは、初めて診察を受けたその日に診断結果を得た。彼女が待つことに費やした時間は、検査の結果の分析に必要とされた時間でしかなかった。彼女の診断過程の二時間（一二〇

| | アリソンの医療システム | サラの医療システム |
|---|---|---|
| **組織の重点** | リソース | ニーズ |
| **接点の数とその形態** | さまざまな形態との複数の接点 | 1回の訪問で間に合う1つの接点 |
| **医療システムとの最初の接触から過ぎ去った時間** | 42日間 | 2時間 |
| **フロー効率** | 0.2パーセント | 67パーセント |

分）のうち、待ち時間は合計で四〇分ほどだったと考えられる。残りの時間は、実際に医療スタッフの対応を受けていた。要するに、付加価値時間は八〇分。したがって、フロー効率は六七パーセントになる。

フロー効率＝八〇分／一二〇分＝六七パーセント

以上をまとめたのが、上の表だ。最も大きな違いは診断にかかった時間で、〝四二日〟と〝二時間〟だ。何にも増してこの違いが、二人の女性の不安の大きさに影響した。

自分が癌なのかどうかわからないまま四二日を過ごさなければならなかったアリソンは、不安が大きく膨れ上がった。もちろんサラも心配だっただろうが、白黒はっきりしない期間はごくわずかでしかなかった。

## どちらを選ぶ？

リソース効率とフロー効率のどちらを重視すべきだろうか？　すでに述べたように、効率性としてはリソース効率のほうが主流だ。それゆえ原則として、組織は特定の機能を中心に構成され、リソースを中心に分業化される。

リソースを効率的に使うのが大切であるのは確かだが、一方では顧客のニーズを効率的に満たすことも重要だ。リソースの稼働率と顧客の満足度の両方を高めるために、リソース効率とフロー効率の両方が欠かせないのである。

それなら、誰もがリソース効率とフロー効率の両方を高くしようとして当然なはずなのに、そうなっていないのはなぜだろうか？　二つの効率性を高いレベルで維持するのは、不可能ではないにしても、とても難しいからだ。では、リソース効率とフロー効率の両方を引き上げるにはどうすればいいのか。この点については、本書の後半で論じることにする。

二つの効率性を高めるのが難しい理由と、実際に両者を高めるための方法を知るには、そのプロセスの仕組みを把握するのが一番の近道だろう。フロー効率はプロセスを通じて生み出される。ここで言うプロセスとは、フローユニットの流れを決めて、フローユニットに価値を付加していく活動の集まりのことである。

# 第二章

# フロー効率を左右するプロセス

フロー効率は組織内のプロセスを通じて生み出される。フロー効率を理解するには、プロセスの仕組みを知っておかなければならない。

すべての組織にプロセスがある。開発プロセス、仕入れプロセス、製造プロセス、配送プロセス、サービスプロセス、などなど。個人としても、私たちは毎日数々のプロセスを経験する。本章では、プロセスとは何かを説明し、プロセスとフロー効率の中心要素について論じる。それらの要素について知ることは、フロー効率の理解の基礎となるのでとても重要だ。

# アリソンの診断までの旅路を撮影しよう

アリソンは、胸にしこりを見つけてから診断を受け取るまでの一連の診断プロセスを経験した。アリソンのプロセスを定義するには、彼女の視点から物事を見なければならない。そこで、彼女の肩に架空のビデオカメラを置くことにしよう。アリソンが地元の外科医の診察を受けてから診断を告げられるまでのプロセスが進んでいく様子を、彼女自身の視点から撮影するためだ。

四二日におよぶアリソンの映像は、診察場面を含むビデオクリップと、診察場面を含まないビデオクリップに分けることができる。診察場面を含むクリップには、例えば看護師がマンモグラムを行う場面やアリソンが乳腺外科医と対面したり、細胞検査士が組織サンプルをとる様子が映っている。診察場面を含まないクリップには、アリソンが自宅で待機している時間や指定された場所へ

行ったり来たりしている様子が映っている。

また、アリソンに価値がもたらされた場面かどうかで、四二日の映像を分けることもできる。アリソンにとって価値をもたらした場面のクリップには「付加価値クリップ」、価値をもたらさなかった場面のクリップには「非付加価値クリップ」とラベルを付けることができるだろう。フロー効率の本質とは、非付加価値クリップをすべてカットし、付加価値クリップだけを用いて短編のアクション映画を編集することだと言える。

## フローユニットの視点がプロセスを定義する

肩にのせたカメラからの視点でアリソンのプロセスを撮影したように、どのプロセスもフローユニットの視点から定義されるべきだ。フローユニットはプロセスに欠かせない。フローユニットこそが、プロセスを通じて処理されるからだ。そもそも、「プロセス（process）」という単語はラテン語のprocessusとprocedereに由来している。「前に進む」という意味だ。つまり、プロセスを通じて何かが前に進む。その何かを私たちはフローユニットと呼んでいるのである。フローユニットはモノや情報であることもあるし、人もフローユニットになる。

**【モノ】** 自動車工場では、材料が前に進み、機械の力で加工されて車の形に組み立てられる。乳癌の例では、女性から採取した検体が前に進んで分析されて検査結果が得られる。

**【情報】** 自宅の拡張工事を計画していると考えてみよう。あなたは地元の当局に工事の申請書を提出しなければならない。申請書はさまざまな段階をへて、数多くの関係者に送られる。乳癌の例では、紹介状が情報としてのフローユニットになる。

**【人】** テーマパークを訪れる入場者を例に挙げることができる。彼らは到着してから退出するまでさまざまなアクティビティを体験する。乳癌の例ではアリソンとサラ、つまり患者がフローユニットだ。

重要なことは、フローユニットの観点からプロセスを定義すること。組織の多くは、組織や組織のさまざまな機能の視点からプロセスを定義するという過ちを犯している。ビデオカメラを医者の肩に置くような行為だ。もちろんその場合も、アリソンの肩にビデオカメラを置いた場合と同じアクティビティが撮影対象になるのだが、実際の映像はまったくの別物になる。フロー効率を理解する際に大切なのは、プロセスをつねにフローユニットの視点から定義することである。

## リソース効率とフロー効率の違いは依存のしかた

フローユニットの視点から見ることで、リソース効率とフロー効率の微妙な、しかし重要な違いがわかるようになる。その違いはどこにでも見られるものではあるが、もう一度医療の例を見てみよう。

医療システム内で患者のニーズを満たすために行われる行動では、例外なく価値の付加が生じる。価値は組織を構成するリソースから、プロセスを通過するフローユニットへ付加される。この例では、医療スタッフを介して患者が価値を受け取る。一方（リソース側）が価値を差し出し、他方（フローユニット側）が価値を受け取ることで、価値の付加が行われる。したがって、次の関係が成り立つ。

- 所定の期間において価値付加時間の割合が高いとき、リソース効率が高いと言える（高リソース効率）。つまり、リソースは可能な限り多くの価値を付加し、医者のビデオカメラの映像にアクションシーンがたくさん映っている。
- 総時間に対して価値受領時間の割合が高いとき、フロー効率が高いと言える（高フロー効率）。つまり、フローユニットが可能な限り多くの価値を受け取り、患者のビデオカメラの映像にアクションシーンがたくさん映っている。

リソース効率は特定のリソースの利用に重点を置く一方で、フロー効率は特定のフローユニットがプロセスを移動する速さに焦点を当てる。これら二種類の効率性の違いは、リソースとフローユニットの依存関係の違いを通じて説明することができるだろう。

要するに、患者が医者の都合に合わせる（リソース効率を高めようとする）か、医者が患者の都

**リソース効率（1つのリソースを重視）**

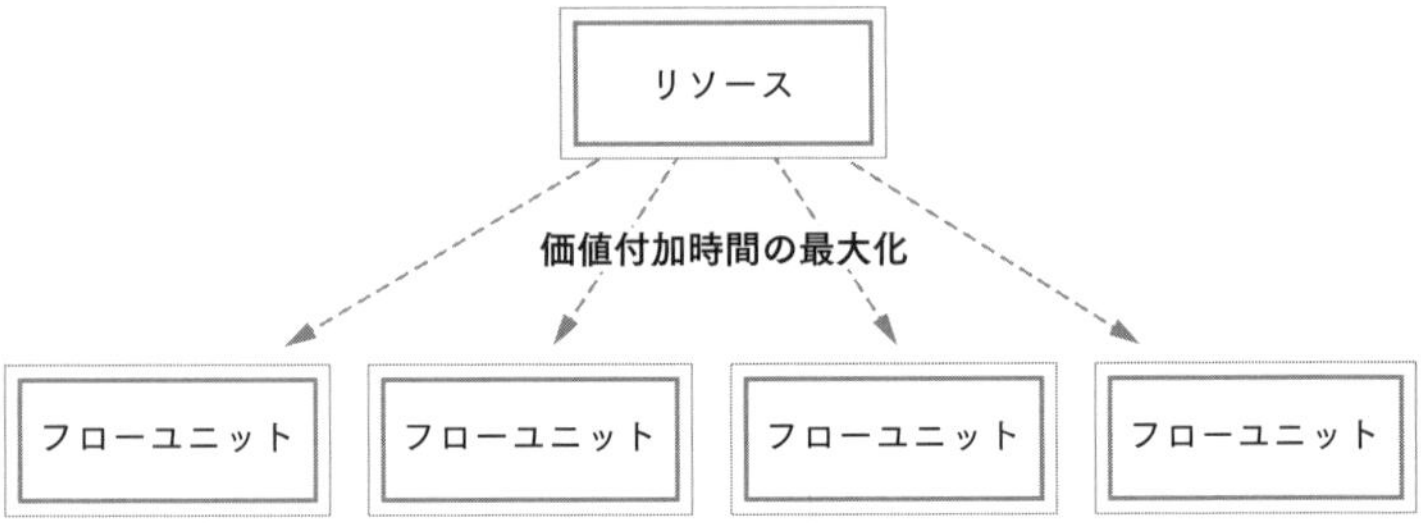


**フロー効率（1つのフローユニットを重視）**

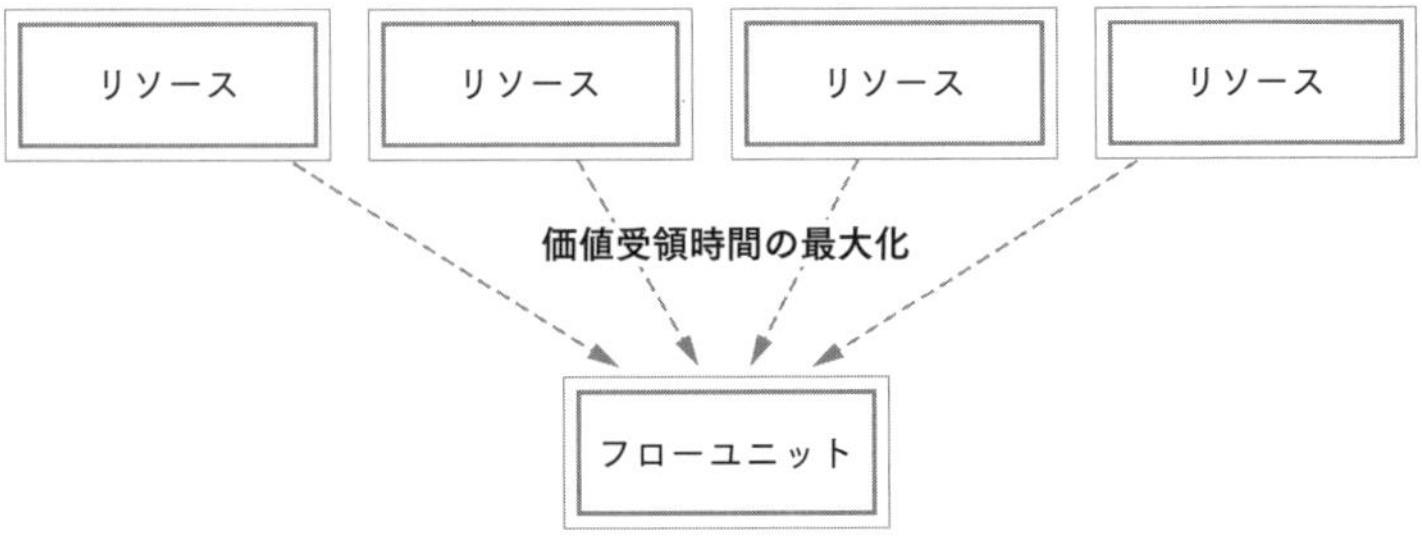


合に合わせる（フロー効率を高めようとする）か、の違いだ。上の図は二つの効率性の依存関係の違いを明らかにしている。

二つの効率性を区別する重要な要素が、依存性の違いなのである。リソース効率では、どのリソースもフローユニットを処理している状況をつくるために「仕事を人に結びつける」ことが重視される。一方のフロー効率では、どのフローユニットもリソースにより処理されている状況を確保するために、「人を仕事に結びつける」態度が求められるのである。

## スループット時間を決定するシステム境界

始まりと終わりを自分の好きなように定義できる――これはプロセスの重要な特徴の一つだ。あなたが〝システム境界〟（訳注：主にソフトウェア開発などで用いられる。複数のシステムを組み合わせて仕組みを実現する際にそれぞれのシステムの始まりと終わりを示すもので、設計者によって決められる。本書ではニーズが発生してから満たされるまでの価値提供プロセスを構成するステップを区切るものとして使われる）を決めるのである。乳癌検査の場合、プロセスはアリソンが地元の外科医の診察室に入った時間に始まり、病院を出たときに終わったとみなすことができるだろう。しかし、心配をし始めたときから診断を告げられた時間までをプロセスとみなすこともできる。システムの境界は、例外なく自分で決めることができる。

システム境界がどこに想定されているのか、という点はとても重要だ。なぜなら、それによりスループット時間という大事な尺度が定まるからである。フローユニットのスループット時間は、フロー効率を測るのに欠かせない。スループット時間とは、単純にフローユニットがプロセス全体を、つまりプロセスの始まりから終わりまでを移動するのに費やす時間のことである。

大切なことは、フローユニットの観点からスループット時間を見ることだ。アリソンのスループット時間は四二日、サラの場合は二時間だった。医療システムと最初に接触した瞬間から、アリソンとサラが診断を受け取った瞬間までをプロセスとみなしている。

ほとんどの組織は、ニーズが生じたときにプロセス（つまりスループット時間）が始まり、そのニーズが満たされたときにプロセスが終わると考えることに抵抗を示す。しかし、そうすることで興味深い変化と斬新なイノベーションにつながるのである。例えば、飛行機利用者のスループット時間を、利用者が自宅やオフィスを出た時間から飛行機に乗った時間までと考えた場合、スループット時間はとても長くなる。この場合のスループット時間を短くするために、イギリスのヴァージン・アトランティック航空は忙しいエグゼクティブ向けのサービスを開始した。顧客を職場まで迎えに行き、交通量の多いロンドンでも渋滞に巻き込まれないようにオートバイに乗せてヒースロー空港に運ぶのである。空港では「ファスト・トラック」と呼ばれる優先的な搭乗手続きを行うので、利用者は列に並ぶことなく飛行機の上級クラスに向かうことが可能だ。顧客のフローを大きな視点から見たことで、ヴァージン・アトランティック航空はプレミアムレベルの価格を設定できるサービスを導入できたのである。

## プロセス内の活動《アクティビティ》の分類

どのプロセスもフロー ユニットを処理する一連のアクティビティ(活動)で構成されている。アリソンの例と同じで、アクティビティはさまざまなビデオクリップに分けることができる。より一般的な言葉を使うなら、さまざまなカテゴリーに分けられるということだ。その際、それらカテゴリーのうちの二つが、フロー効率を理解するうえで特に重要になる。〝価値〟と〝ニーズ〟だ。

### 付加価値アクティビティ

フロー効率を理解するには、付加価値アクティビティという考えが欠かせない。付加価値アクティビティを定義する際は、フロー ユニットの目で物事を見なければならない。フロー ユニットの観点から見てフロー ユニットが価値を受け取っているとき、そのアクティビティは価値を付加している。フロー ユニットに何かが起こったとき、あるいはフロー ユニットが前進したとき（処理されたとき）、価値が付加されたことになる。付加価値アクティビティの例としては次のようなものを挙げることができる。

- 自動車の材料・部品が機械で加工される
- 地域計画局の局員が工事計画申請書を処理する
- アリソンとサラが医療従事者に会う

つまり、付加価値アクティビティとは、フローユニットの処理が行われる活動のことだ。同じ考え方から、価値をもたらさない活動——無駄なアクティビティ——はフローユニットが処理されることのない活動だと言える。次のような場合が無駄なアクティビティになる。

- 材料・部品が倉庫にある
- 工事計画申請書が誰かのデスクの書類の山に埋もれて、処理されるのをずっと待っている
- アリソンがマンモグラム検査の日まで二週間待ち続ける

ただし、場合によっては待ち時間も価値をもたらすことがあるという点を見落としてはなら

ない。あるプロセスの待ち時間（保存）が価値をもたらす例として、チーズやウイスキーの熟成時間を挙げることができる。この場合は、保存という活動がフローユニット（チーズやウイスキー）に価値をもたらしている。

## ニーズが価値を決める

価値はつねに顧客の観点から定義される。しかし、〝顧客〟という概念が問題になることもある。公共セクターにとって、顧客とは誰のことだろうか？　消防隊の顧客は？　顧客を特定するのが難しい場合、組織が満たすべきニーズに目を向ければいい。つまり、このように問いかけるのだ。「消防隊はどのようなニーズを満たす？」。消防隊員のおもな任務は、火事の火を消すというニーズに応えること。したがって、そのプロセスはニーズが特定された瞬間（誰かが火事を発見したとき）からニーズが満たされたとき（消火に成功した時間）までと定義できる。

## 直接的なニーズと間接的なニーズ

人がフローユニットである場合、直接的なニーズと間接的なニーズをはっきりと区別することが重要だ。アリソンとサラは自分が癌を患っているのかどうかを知る必要があった。二人が診断プロセスを始める理由になったのだから、この必要性が〝直接的ニーズ〟だとみなせる。

同時に、アリソンとサラには〝間接的ニーズ〟もあった。安心したい、専門医の診察を受けたい、理解されたい、情報がほしい、などといったニーズだ。直接的ニーズは具体的な結果を生むこと（この例では診断を得ること）、一方の間接的ニーズは経験を求めることだと言える。

そのため、人がフローユニットであるときは、ほとんどの場合で直接的ニーズに主眼が置かれるとはいえ、直接的ニーズと間接的ニーズの両方に注目することが大切になる。事故や救命を担当する医療機関では、直接的ニーズ（患者の命を救う）に集中するのは当然だ。患者は無意識であったり重傷を負ったりしているのだから。一方、患者に癌検診の結果を伝える医者は、自然と間接的ニーズに慎重にならざるをえない。たとえそれが悪い知らせであっても、医者は患者の気持ちに寄り添って、できるだけポジティブな伝え方をしようとするだろう。

ビジネスの世界では、どのニーズに重点を置くかは戦略的に選ぶことになる。例えば、低価格の航空会社なら、「個人を輸送する」という直接的ニーズを重視する。しかし、ビジネスクラスのチケットを買う人は、フライトが快適な体験であることも望む。その場合、直接的ニーズ（輸送）と間接的ニーズ（体験）の両方が満たされなければならない。

間接的ニーズを満たす最たる例はディズニーのテーマパークだろう。ジェットコースターに乗るために行列に並んでいる最中も、ずっとさまざまなことが起こる。そのため、本当は待っているだけなのに、訪問客は価値あるものを体験しているような気になる。ときには、起こっている何かをどう感じるかという印象のほうが、実際に起こっていること（あるいはこの例では何も起こっていないこと）よりも重要なのである。ディズニーのテーマパークを訪れる人々のニーズはアトラクションを楽しむこと（直接的ニーズ）だけではない。そこにいる時間をまるまる楽しみたい（間接的ニーズ）のだ。

ストックホルムにある自動車ディーラーのアップランズモーターは、顧客の間接的ニーズをうまく満たしている。ディーラーを訪れる顧客は次のように迎えられる。

「いらっしゃいませ！　チケットを取って、番号が呼ばれるまでお待ちください。チケットを取ってから一〇分たってもサービスセンターの対応が行われなかったお客様には、お車の燃料タンクを無料で満タンにいたします」

アップランズモーターでは待ち時間も決して退屈ではない。顧客には朝食、ランチ、インターネットへのアクセス、美容サービス、マッサージなどが提供される。隣接するゴルフ練習場へのエレベーターもつながっている。アップランズモーターは絶え間なく顧客の体験に関心を向けているのである。

## スループット時間における付加価値アクティビティとしてのフロー効率

スループット時間と付加価値アクティビティが何を意味しているかがわかったところで、ようやくフロー効率を正確に定義することができる。

**フロー効率とは、スループット時間に占める付加価値アクティビティの総和である。**

多くの場合、スループット時間そのものがすでに価値の指標でもある。基本的には短ければ短いほどいいのだが、必ずしもそうとも限らない。その理由は間接的ニーズの考えで説明できる。

フロー効率のとても高い歯医者を想像してみよう。患者であるあなたは、診察の予約時間ちょうどに到着した。玄関を抜けると、もう治療室だ。そもそも待合室がない。時間を節約するために、椅子もすでにある程度傾いて、座るやいなや、すぐに治療ができる姿勢になる。歯医者も準備万端で、あなたが座ってから五秒後にはもう口のなかでドリルが回っている。五分もすれば、治療は終わり。

まさに世界クラスのフロー効率だ！　いや、本当にそうだろうか？　顧客（患者）にも間接的ニーズがあるはずだ。歯医者が怖い人にとっては、この歯科医院はフロー効率が高いとは思えないだろう。そのような患者は待合室に座って心を落ち着かせる時間がほしいはず。トイレに行きたい人もいるに違いない。歯医者と少しおしゃべりして、どんな治療をするのかを前もって聞いておきたい患者もいるだろう。患者に必要なのは、麻酔よりも安心感のほうなのだから。そのようなアクティビティはスループット時間を長引かせる原因にはなるが、同時に価値も付加するので、プロセスのフロー効率が高まるとも考えられるのだ。

冒頭の乳癌の例を考える際も、間接的ニーズの概念を用いることができる。サラの場合、最終的な診断を受け取ったのが少し早すぎたと言えるかもしれない。最初に看護師に迎え入れられてから、診断を受け取るまでの二時間、感情的にはとても不安定な経験だったと考えられる。今何が起こっていて、自分が何をしているのかをすべてを受け入れるには、各検査ステージのあいだにもう少し時間があったほうがよかったかもしれない。いわば、診断を得るという直接的ニーズから生じた間接的ニーズだ。間接的ニーズが、何が付加価値アクティビティなのかを決める。つまりは、最終的にフロー効率を決めるのは間接的ニーズなのである。

## 価値の付加密度としてのフロー効率

私たちの考えでは、フロー効率を定義するときには、リソースからフローユニットへ価値が付加されるプロセスの〝密度〟に注目することも大切である。具体的に言えば、フロー効率はスループット時間に占める付加価値アクティビティの〝割合〟に関係している。しかしながら、価値移動の〝スピード〟を速める（あるいは遅くする）ことで、顧客価値を高めることも可能なのだ。一つ例を挙げよう。

夏が来たので、少しさっぱりしたいと思ったあなたは、行きつけの美容室「トニー&ガイ」のジャン＝ピエールに髪を切ってもらう予約を入れた。ジャン＝ピエールはあなたの髪を四〇分で切り終えた。待ち時間は一〇分だったため、美容室にいた時間は合計で五〇分。五〇分のスループット時間に対して付加価値時間は四〇分だったので、フロー効率は八〇パーセントということになる。

あなたの新しい髪型を見た友人がいたく感心して、すぐに「ヴィダルサスーン」のスチュアートに髪を切ってもらう予約をした。すばらしい技術をもつと評判の美容師だ。スチュアートは三〇分でカットを終えた。あなたの友人が美容室にいた総時間は四〇分だった。したがって、友人の場合のフロー効率は七五パーセントになる。

スチュアートはジャン＝ピエールよりも一〇分も短い時間で髪を切った。言い換えれば、価値付加のスピードが速かった、ということだ。それなのにフロー効率という点では、スチュアートよりもジャン＝ピエールのほうが効率がよかったことになる。これは誤解を招く比較の例だと言える。なぜなら、価値を付加するスピードが両者で異なっているからだ。いわば、リンゴとブドウを比べているようなものである。

フロー効率とは、付加価値アクティビティのスピードを上げることではない。価値を付加する時間の密度を極限まで高め、非付加価値アクティビティを排除することがフロー効率なのだ。髪を速く切るのではなく、顧客の待ち時間を減らすことが大切なのである。

フロー効率では、付加価値アクティビティの〝適切な〟スピードを見極めることに重点が置かれる。顧客にとっては何が適切だろうか？　従業員にとっては何が正しいのだろう？　好ましいバランスを見つけて顧客価値を最大に高めることが目的になる。

## 組織は数多くのプロセスで構成される

プロセスは誤解されることが多い。最も顕著なのは、決まった作業のルーチンのことをプロセスと呼ぶ、という誤解だろう。

この考えは、まったくもって正しくない。多くの組織で、「プロセス」という言葉が「形式化された作業ルーチン」という意味で使われている。そのような作業ルーチンはさまざまな方法で文書化されていて、新しいスタッフの採用や作業用手袋の購買など、特定のタスクをどのような方法で実行すべきかを指定している。それどころか、誰がどのタスクを担当するか、あるいは各タスクをどの順番で行うかなどといった情報も含まれていることがある。

〝プロセス〟を形式化された作業ルーチンとのみ理解していると、この言葉が秘める重要な意味を見落としてしまう。大切なのは、形式化されているかどうかに関係なく、どの組織にもプロセスがあると理解することだ。プロセスこそが、組織の土台なのである。その土台の上で、組織はなすべきことを行う。プロセスを通じて、フロー効率が生まれるのだ。

では、一つの組織にはいくつのプロセスがあるのだろうか？　一部の研究者は、どの組織も二〇よりも少ない数の主要プロセスで定義できると主張している。例えば、顧客の注文から納品までのプロセス、あるいはアイデアから製品になるまでのプロセスなどだ。これは極端に少ない考え方だと言える。一方で、極端な例としてボルボ自動車を挙げることができる。同社はあるとき、数千におよぶプロセスを定義して文書化した。多いのと少ないのとではどちらが適切なのだろうか？　その答えは、「組織によりそれぞれ」だろう。

第一に、組織内のプロセスの数は、その組織がプロセスの始まりと終わりをどう理解しているか、つまりシステム境界をどう定義しているかによって左右される。組織はシステム境界を好きなように設定できるので、プロセスの数を特定するのは容易ではない。

また、抽象化の度合いによってもプロセスの数は変わる。抽象度が高いプロセスには、複数の企業が関与していることもある。例えばある製品の素材から顧客が完成品を手にするまでのサプライチェーンに含まれる、製品を買ったり、つくったり、売ったりする企業だ。逆に、ある製品用の単一部品をつくる工場で使われる機械で構成されるプロセスは、抽象化の度合いが低いと言える。

抽象化の度合いが存在するということは、組織がいくつかの主要プロセスで構成されていることを意味している。それら主要プロセスはさまざまなサブプロセスからなり、それらサブプロセスもまた、さらに小さなサブプロセスに分けることができる。そうやって、最終的にはプロセスの最小単位である個別のアクティビティのレベルにまで到達する。

このように、プロセスはさまざまなやり方で定義することも、異なる抽象度から見ることもできるので、ある組織にいくつのプロセスがあるかを評価する試みは必ず主観的になってしまうのである。

# 第三章

# プロセスにフローをもたらす要素

組織の効率的なフローの妨げになっている要因を知るには、プロセスは特定の法則に従うという点に気づくことが重要になる。文字通り〝法則〟以外の何ものでもない。それらの法則は普遍的で、数学的に証明すらできる。処理されるフローユニットの種類やプロセスの定義などに関係なく、必ず適用される。

本章では、プロセスがどのように作用するかを明らかにしたうえで、フロー効率を高めるのが難しい原因となる三つの法則を説明する。この三つの法則は、高リソース効率と高フロー効率を両立するのが難しい理由を知る助けにもなるだろう。なぜそれほど難しいのかというと、程度の差こそあれ、どのプロセスも基本的に変動《バリエーション》する可能性があるからだ。

# 飛行機の搭乗プロセス

空港に着くのが遅くなった。ショップをのんびりと歩きながら新作の香水やワインを選びたかったあなたは、少しがっかりしている。今日は家を出た瞬間からろくなことがなかった。渋滞でタクシーが遅れたので、予定していた空港行きの電車に乗れなかった。

ありがたいことに、搭乗手続きはスムーズだ。オンライン搭乗手続きが導入されてからは、行列がめっきり少なくなった。すでにオンラインで手続きを済ませており、脚をゆったりと伸ばせるため人気のある非常口横の座席も確保している。

ところが、かつては搭乗手続きカウンターだった場所が、今は手荷物を預けるカウンターになっていて、しかもあなたが来たときにはカウンターが一カ所しか開いていなかった。だから、結局は行列に並ばなければならない。荷物を預ける順番を待つのが、いつも不愉快に感じられる。なぜならその次は最もやっかいな手続き、そう、セキュリティチェックが待っているからだ。過去一〇年ほどに世界中で起こったテロ攻撃のせいで、セキュリティチェックとそれを受けるための列の並び時間が、空港で最も大きなストレス要因になっている。

搭乗券の確認を自動で行うゲートを抜けると、いよいよセキュリティチェックだ。いつものように長い行列ができている。腕時計に視線を落としたあなたは、時間がほとんど残されていないことに気づいた。心拍数が一気に高まるのを感じつつも、できることといえば早く通過したいと願うことぐらい。セキュリティチェックを抜けたあとも、搭乗ゲートまでかなりの距離を歩かなければならない。

行列の一本がほかの列よりも短いことに気づいたあなたは、ほかの人に先を越されないように、急いでその列に移動する。ほっと一息ついたあなたは、少し気分が落ち着いてきた。

ところが、その列がほかの列よりもゆっくりとしか進んでいないことにすぐに気づいた。遅々として進まないではないか。せっかく落ち着いた気持ちが、またストレスに置き換わった。ある年配の紳士が列の動きを止めているようだ。どうやらベルトコンベアにのせなければならないものをたくさん身につけているようで、ポケットを空にしなければならないことも知らなかったらしい。靴を脱ぐようにも指示されている。紳士も、セキュリティスタッフも、不満そうな表情だ。あなたが横に目を向けると、さっきまで後ろにいた女性がセキュリティチェックを通過していた。

「さんざんな日だ」。あなたはショップを眺める楽しみをあきらめ、ゲートまで走る覚悟を決

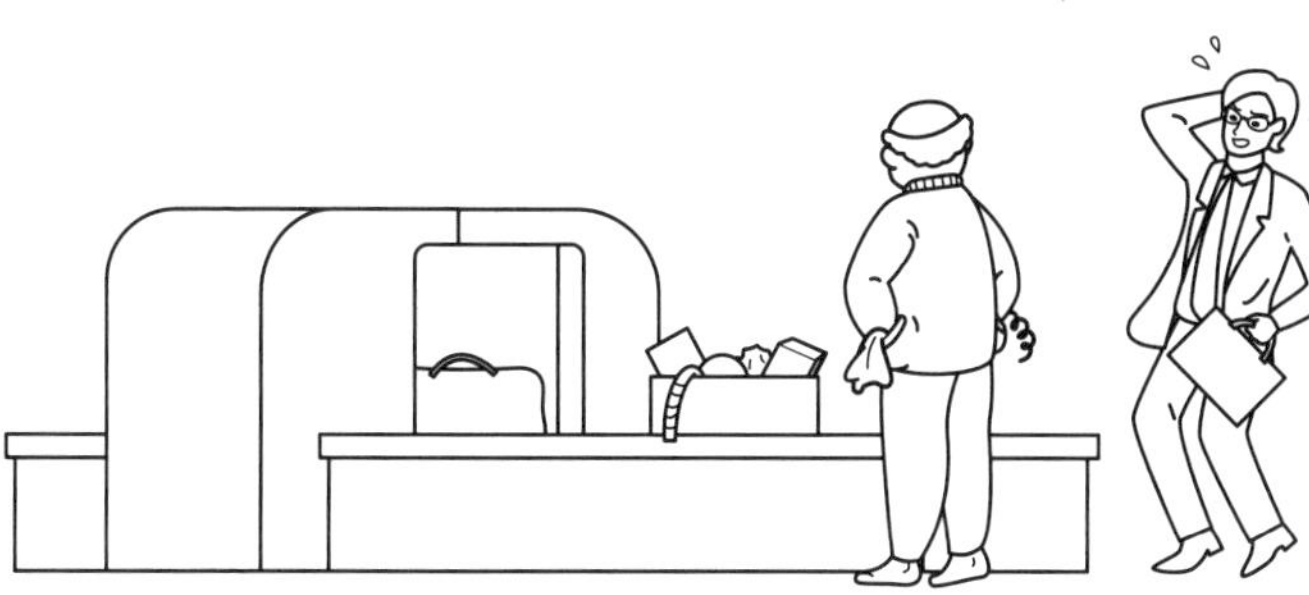

める。
走りながら、次からはもっと早く家を出ようと心に誓った。こんなストレス、もううんざりだ。そのとき、自分のフライトのサインが「ゲートへお越しください」と点滅しはじめたことに気づいた。ほっと胸をなで下ろした。そのサインが出るということは、搭乗がまだ始まっていないということだ。
搭乗を呼びかける最終アナウンスが流れたとき、あなたはゲートに到着した。搭乗券とパスポートの確認はすぐに終わった。しかし、機内でまた行列に並ぶはめに。先に乗っていた人全員が自分の席を見つけて、大小さまざまな荷物を収納し、席に座るまでずっと待つしかない。その後ようやく、非常口横にある自分の座席に着くことができた。やっと脚を伸ばしてリラックスできる。
空港に入ってから飛行機の座席に着くまでのあいだには、数多くのストレスが待ち構えている。そのうちのいくつかは、プロセスを支配する法則で説明することができる。

# リトルの法則

プロセスの仕組みを理解するうえで役に立つ最初の法則として、「リトルの法則」を挙げることができる（訳注：オリジナルのリトルの法則は、一九六一年にジョン・リトル教授により待ち行列の理論を理解するものとして提唱された。現在ソフトウェア開発の文脈において、開発のスループットの理解・改善のために応用されている）。

この法則は直感的にわかりやすい。例として、セキュリティチェック前の行列を選ぶときを想像してみよう。リトルの法則を使えば、なぜ最初に選んだ列よりも、移動した先の列のほうが時間がかかるのかを説明できる。

## セキュリティチェックにおけるリトルの法則

あなたはセキュリティチェックを滞りなく済ませたいと願った。言い換えれば、スループット時間を短くしたかった、ということである。だから、いちばん短い行列を選んだ。その際、スタッフが乗客一人にかける平均時間は考慮に入れなかった。ところが、初めに並んだ列よりも並び直した列の方が一人あたりの平均時間が長かった。列に並んでいる人の総数に一人あたりのチェック時間の平均を掛け合わせたものがスループット時間になる。

セキュリティチェックで行列選びをした経験から、リトルの法則を次のように理解することができる。


スループット時間＝プロセス内のフローユニット数×サイクル時間

すでに指摘したように、スループット時間はシステム境界、つまり私たちがプロセスの始まりと終わりをどこに設定するかによって左右される。この例では、プロセスはあなたが行列に並んだ時点から、セキュリティチェックを通過するときまでとなる。しかし、あなたが空港に入ってから、飛行機に乗るまでをシステム境界と定めることも可能だ。

大切なのは、私たちがシステム境界をどこに設定しようとお構いなしに、法則は働くということ。そこで私たちは、プロセスのシステム境界の設定に合わせて、プロセス内のフローユニットとサイクル時間の定義を変えなければならない。

「プロセス内のフローユニット」とは、選んだシステム境界の内側に存在するすべてのフローユニットを指している。つまり、そのプロセスを開始したが、まだ終了していないフローユニットのすべてだ。空港の例では、セキュリティチェックの列に並んでいるけれど、まだチェックを済ませていない乗客、ということになる。

サイクル時間は、二つのフローユニットがプロセスを終了するまでの平均時間で、フローユニットがプロセスを通過するペースを表している。空港の例では、ある人物がセキュリティチェックを終えるまでの時間と、次の人物がチェックを終えるまでの時間の平均がサイクル時間になる。

したがって、行列を選ぶときに次のような形でリトルの法則を応用できる。最初の列に一五人が並んでいて、並び替えた先の列には一〇人しかいないとしよう。最初の列はペースが速くて、一分につき一人がチェックを通過する。並び替えた列はペースが遅くて、二分に一人しか通過しない。この場合、次のようになる。

---

一列目のスループット時間＝一五人×一分＝一五分
二列目のスループット時間＝一〇人×二分＝二〇分

## リトルの法則とスループット時間

リトルの法則から、スループット時間は二つの要素に影響されることがわかる。プロセス内のフローユニットの数とサイクル時間である。サイクル時間が長いほど、スループット時間も長くなる。より迅速に作業するのが不可能な場合、言い換えれば処理能力が足りていない場合、サイクル時間が長くなる。

また、リトルの法則から、プロセス内のフローユニットの数が増えれば、スループット時間が長くなることもわかる。列に並ぶ人が多ければ多いほど、（サイクル時間が一定の場合）全員が通過するのにかかる時間が長くなる。したがって、プロセスにフローユニットが存在することが、スループット時間の増加につながるのである。

ここにパラドックスが潜んでいる。リソース効率を高く保つには、リソースを最大限に利用しなければならない。一〇〇パーセントの利用が理想的だ。それを実現するには、つねに仕事がなければならないし、仕事に終わりがあっても困る。

しかし、絶え間なく仕事を続けるには、ありあまるほどのフローユニットが必要になる。次のフローユニットがやってくるのを待つよりも、フローユニットに順番を待たせるほうがいい。

この点を明らかにするために、医療分野の専門家を例に見てみよう。リソースの稼働率を高めたいなら、専門医が患者が来るのを待つ状態よりも、患者が専門医の診察を待つ状態のほうが好ましい。この点がまさにパラドックスで、リソースを最大限に利用するために余剰のフローユニットを確保すると、スループット時間が増えるのである。

本書冒頭の例でも、リトルの法則が働いていた。アリソンの場合、医療システムはさまざまな診察方式に合わせて構成されていて、リソース効率に重点が置かれていた。数多くの専門機能を稼働させ続けることが重要視され、患者に順番待ちをさせることで、専門家がつねに働いている状態をつくっていた。つまり、最終診断までのプロセスのさまざまなステージで、アリソンが待たなければならなかった、ということだ。スループット時間が長く、フロー効率は低かった。

一方、サラが経験したのは、乳癌の診断というたった一つのニーズに焦点を当てた医療だった。そこではどの時点においても〝プロセス内の患者〟の数が少なく、そのためスループット時間が短く、フロー効率は高かったのである。

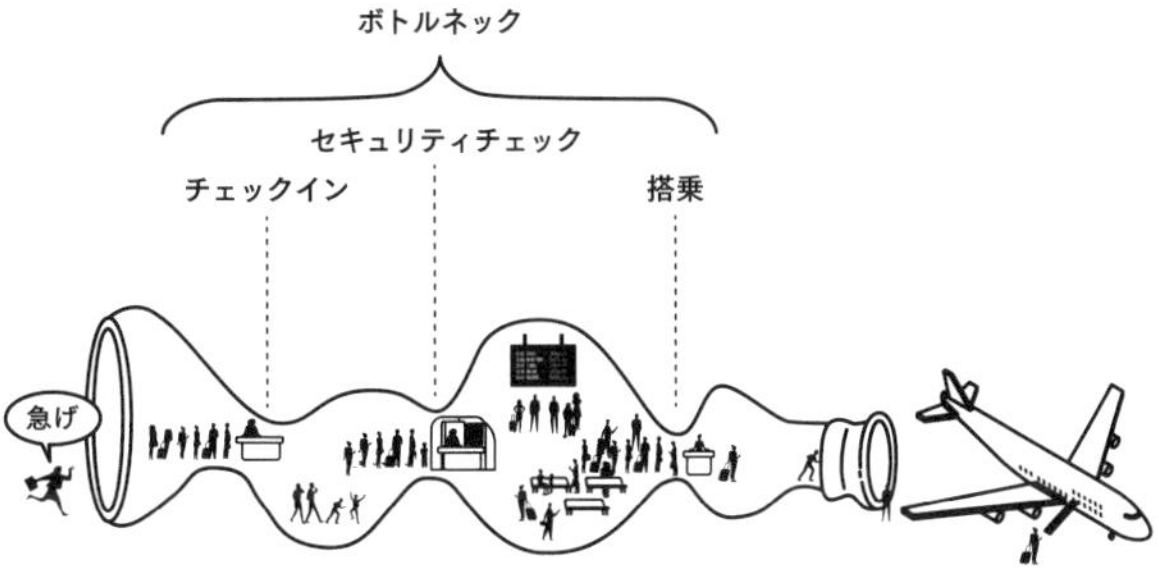


# ボトルネックの法則

プロセスの働きを理解し、組織がフロー効率を高める際に何が障害になるかを知るのに役立つ二つ目の法則は、ボトルネックの法則である。空港に到着してから、待ちに待った非常口横の席に座るまでの例が示しているように、何の障害にも遭遇せずに空港内を移動できることなどほとんどない。道中、さまざまな場所で行列ができている。

そのような場所が「ボトルネック」と呼ばれる。プロセス内のサブプロセスあるいは個別のアクティビティで、瓶《ボトル》の首の部分のように狭くて流れが悪くなるステージのことだ。空港の例で言うなら、空港に到着してから飛行機の席に座るまでのあいだに前進が阻まれる可能性のある場所、ということになる。

## ボトルネックがスループット時間を長引かせる

ボトルネックの法則は、基本的にプロセス内でサイクル時間の最も長いステージのせいで、プロセス全体のスループット時間が影響されることを意味している。空港の例からもわかるように、ボトルネックを理解するのはさほど難しいことではない。

形式的には、ボトルネックは「プロセスにおいて最もサイクル時間の長いステージ」と定義できる。または、プロセスにおいてフローが最も遅いステージとみなすこともできるだろう。流れを〝邪魔する〟ステージ、ということだ。その結果として、ボトルネックがプロセス全体のフローを制限するのである。

ボトルネックを内包するプロセスには次の二つの大きな特徴がある。

1　プロセスを流れるのがモノであろうと、情報あるいは人であろうと、ボトルネックの直前に必ず渋滞が生じる。多くの場合、特にフローユニットがモノまたは人の場合は、どのステージがボトルネックになっているのかを知るのは難しくない。フローユニットが情報である場合は、ボトルネックの場所で渋滞ができているのを見極めるのは難しいが、渋滞は必ずそこにある。

2　ボトルネックのすぐあとのアクティビティは、実行されるまで待機時間が生じる。つまり、フルに活用されることがない。ボトルネックでのアクティビティでスループットが最も遅くなるため、ボトルネック直後のステージでは能力よりも遅いペースで働かざるをえない。

リソースを足したり、作業スピードを速めるなどしてボトルネックを解消したとしても、またどこかにボトルネックが生じる。まるで「モグラたたき」ゲームで、地面の穴から顔を出すモグラの頭を木槌でたたいて追い払うのだが、一匹を退治したと思ったら（あるいはまだ退治できていないのに）、次のモグラがすぐに顔を出すのである。同じように、プロセスのボトルネックも、消えたと思ったらまた別の場所に現れる。

フローユニットが渋滞して、処理を待つ時間が増えれば、スループット時間も長くなる。この点はリトルの法則から理解できる。行列があるということは、プロセスにフローユニットが存在するということ。（リソースを増やしたり、作業をスピードアップしたりして）サイクル時間を変えることができない場合、プロセス内のフローユニットが増えれば増えるほど、スループット時間も延びるからである。

ボトルネックは遅延をもたらす。そこに生じるのは、基本的にスループット時間を延ばすだけの非付加価値時間だ。高いフロー効率を目指すのであれば、プロセス内のボトルネックをなくしたほうがいい。では、私たちはすでに懸命にボトルネックをなくそうと努力しているのに、それでもボトルネックが生じるのはなぜだろうか？

## ボトルネックが生じる理由

プロセスにボトルネックが生じる背景は二つある。一つ目は、プロセス内のステージが特定の順番で行われなければならないとき。空港の例で言うと、手荷物を預ける前に空港に到着していなければならない。手荷物を預けて初めて、セキュリティチェックを受けることができる。セキュリティチェックを受けてからでないとゲートにいくこともできないし、ゲートを通ってからでないと飛行機に乗ることもできない。

もちろん、この状況は一般的によく起こる。特にプロセスのシステム境界が比較的広く設定されているときはなおさらだ。システム境界として想定できる最も広い定義は、あるニーズが生じた時点をプロセスの始まり、そのニーズが満たされたときをプロセスの終わりとする場合だろう。ほとんどの場合、ニーズが一つの場所でいっぺんに満たされることはない。実際、組織の性質上、ニーズを満たす諸活動は複数のステップに分けて運用される。

ボトルネックがなくならない二つ目の理由は変動《バリエーション》だ。プロセスには必ず変動が生じる。空港のセキュリティチェックの場合、チェックを終えるまでの時間は人によって異なる。機内に持ち込むバッグからコンピュータを出さなければならない人もいれば、ポケットに硬貨が入っていたのを忘れている人もいる。一〇〇ミリリットル以上の香水瓶をうっかりもってきてしまった人もいるだろう。これらすべてが時間に変動をもたらす。

原則として、変動をなくすのは不可能で、しかも変動はプロセスとフロー効率にとても悪い影響を及ぼすことが知られている。その理由は、プロセスに対する変動効果の法則を用いて説明できる。

## プロセスに対する変動効果の法則

プロセスがどう機能するかを理解するのに役立つ三つ目の法則は、変動とリソース効率とスループット時間の相互のつながりに関連している。ここで鍵になるのが変動だ。変動はフロー効率に多大な影響を及ぼす。変動の悪影響で、組織はリソース効率とフロー効率の両方を高く保つのが難しいのである。だからこそ、変動とは何であり、どれほどの影響を及ぼすかを知ることが、フロー効率の理解に欠かせない。

## ■変動とは？

プロセスには必ず変動が生じる。生じる理由は無限にあると言えるが、その原因――リソース、フローユニット、外部要因――をもとに三つのグループに分類できる。

**【リソース】** 機械は故障しやすいし、故障すれば変動につながる。高速のオペレーティングシステムもあれば、低速のオペレーティングシステムもある。患者を診察するスピードは、医者によって違う。熟練したスタッフは手際がよくても、新人はそうはいかない。

**【フローユニット】** 美容室の客はそれぞれ違う髪型を望む。修理工場に送られてくる車は、それぞれ異なる故障を抱えている。誤記入されている申請書類を処理するのは、正しい書類よりも時間がかかる。

**【外部要因】** 事故・救急病棟には、一日にまんべんなく患者がやってくるわけではない。チョコレートのイースターエッグは一年の一時期にしか売れない。ファストフード店のドライブスルーに、おなかをすかせた学生をいっぱいに乗せたバスが二台、前触れもなく到着する。

原因は何であれ、変動は処理時間や到着時間に作用する。フローユニットが異なれば処理にかかる時間も変わるし、さまざまなフローユニットはプロセスに入る時間もまちまちだ。いくつか例を挙げよう。

- 自動車製造業では、機械に品質問題が生じることがある。そうなれば、会社は製品を加工し直さなければならなくなり、プロセスの時間が変動する
- 計画の承認を求める申請書が異なれば、処理にかかる時間も変わる。申請書を正確に記入する人もいれば、いいかげんな人もいる。単純な要求もあれば、複雑な申し出もある。そのようなばらつきが処理時間の変動を引き起こす
- 乳癌の例では、マンモグラムの予定に遅れてくる患者もいるだろう。その場合、到着時間が変動する
- 一定のペースで消防隊の活躍が求められることはめったにない。いつ火事が発生するか予測するのは難しいこともあり、到着時間が一定しない

処理時間の変動と到着時間の変動のあいだには関連がある。さまざまなステージで成り立つプロセスでは、あるステージでの処理時間に変動があれば、次のステージへの到着時間にも変動が生じる。

これらの例が示すように、変動のないプロセスを想像するのは不可能だ。フローユニットが人である場合、変動を避けるのは特に難しくなる。人は誰もが独特だし、それぞれ異なるニーズをもっている。特に間接的ニーズは人によって大きく違う。人は自然な変動をもたらす。これは避けるのが難しい。

モノの扱いは標準化できるし、情報もある程度は標準化した方法で処理できるが、人の扱いを同じように標準化するのは無理な話だ。変動の度合いはさまざまだが、実際のところ、変動のないプロセスは想像すらできない。

## 変動とリソース効率とスループット時間の関係

フロー効率に対する変動のおもな影響は、変動とリソース効率とスループット時間の関係を用いて説明できる。この関係は一九六〇年代にジョン・キングマン卿によって公式化されたため、「キングマンの公式」と呼ばれていて、左のように図示される。

このグラフを見ればスループット時間（縦軸）が稼働率（横軸）に依存していることがわかる。

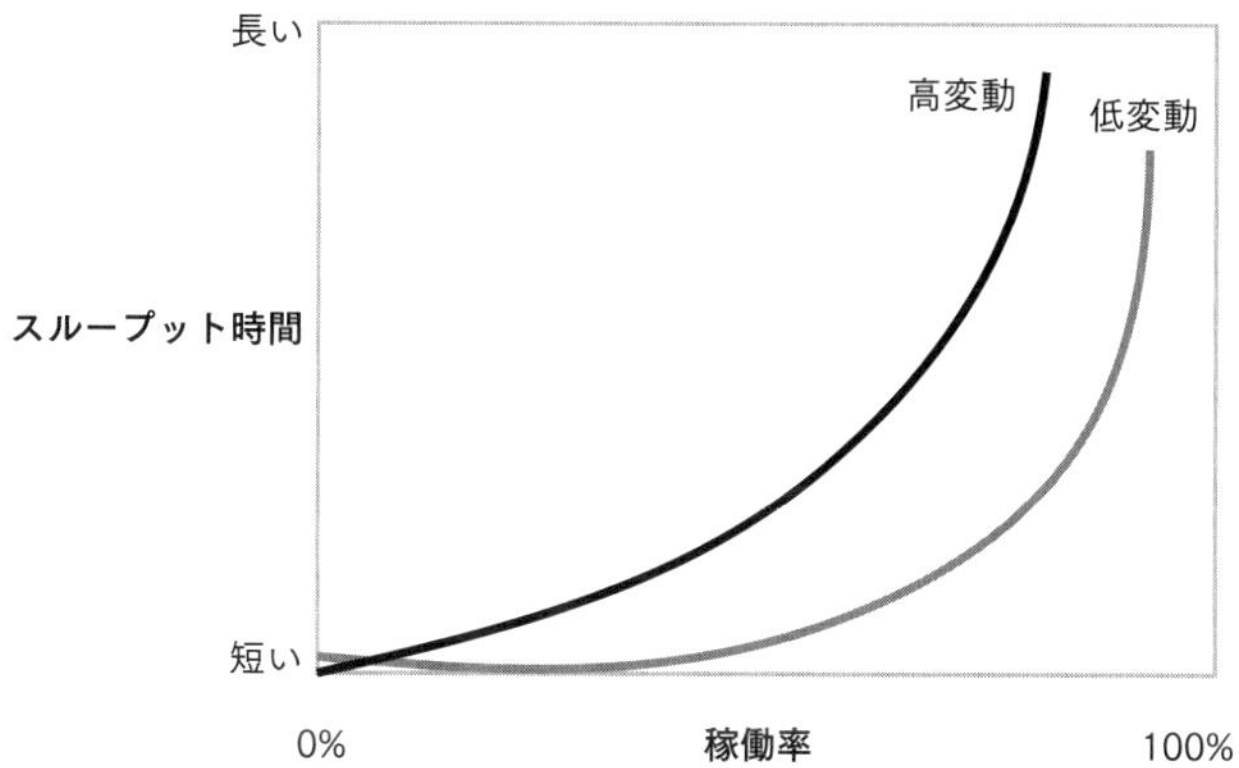


- 縦軸の上に行くほどスループット時間が増える
- 横軸の稼働率とは、リソースがいかに効率的に使われているかを示す尺度である（本書で言うリソース効率）。一〇〇パーセントに近いほど、リソース効率が高い

スループット時間と稼働率の関係は、プロセスにおける変動が少ない場合と多い場合を示す二本の曲線で表されている。

曲線の形は、変動の一つ目の影響を示唆している。曲線から、稼働率が一〇〇パーセントに近づくほど、スループット時間が長くなることがわかる。稼働率が九〇パーセントから九五パーセントに増えた場合と、八〇パーセントから八五パーセントに増えた場合は、どちらも五パーセントの増加であるにもかかわらず、九〇パーセントから九五パーセントのほうがスループット時間の増える量が多くなる。
言い換えれば、スループット時間と稼働率は正比例ではなく指数関数的な関係なのだ。つまり、稼働率を一〇〇パーセントに近づければ近づけるほど、スループット時間に対する稼働率の影響が強くなるのである。
グラフの曲線を比べることで、変動が及ぼすもう一つの影響も見て取ることができる。高変動の曲線は、低変動のそれに比べて左に位置する。このことから、稼働率が一定だと仮定した場合、次のことがわかる。

プロセスにおける変動が大きければ大きいほど、スループット時間が長くなる。

プロセスにおける変動の重要性を知ることは、フロー効率を理解するのに欠かせない。例えば、もし高速道路を走るすべての車が同じ速度で進むなら、渋滞が起こることはないだろう。何らかの理由で、すべてが同じ速度で走ることができないときに、渋滞が起こるのである。

# プロセスの三法則とフロー効率

高いフロー効率の実現を阻む要素を知るには、本章で紹介した三つの法則の存在を理解していなければならない。これら三法則が、プロセスのスループット時間が延びる理由になる。

- リトルの法則が働くため、プロセス内のフローユニットの数が増えた場合とサイクル時間が長くなった場合に、スループット時間が延びる
- ボトルネックの法則が働くため、プロセスにボトルネックが存在する場合、スループット時間が延びる
- 変動効果の法則が働くため、プロセスにおける変動が増えた場合、あるいは稼働率が一〇〇パーセントに近づけば近づくほど、スループット時間が延びる

では、フロー効率の観点から見た場合、これらの法則から何がわかるのだろうか？　第二章

で、スループット時間に占める付加価値アクティビティの総和としてフロー効率を定義した。基本的に、スループット時間が長くなれば、フロー効率は下がる。この原則は、スループット時間の増加率と同じだけ付加価値時間が増えなかった場合に適用される。

例として、スループット時間の増加分が、顧客に間接的な価値をもたらすことで埋め合わされたと想像してみよう。ディズニーが実践してきたように、ジェットコースターの待ち時間に価値をもたらすことで、スループット時間がフロー効率を下げるのを防ぐことができるかもしれない。そのような例外はあるが、通常はスループット時間が増えれば、フロー効率は下がると言える。

言い換えると、三法則のおかげで、フローユニットの数、サイクル時間、ボトルネック、変動、リソース効率など、数多くの要素がフロー効率に影響することがわかるのである。

また、三法則から、高リソース効率と高フロー効率を両立するのが――不可能ではないにしても――難しいことがわかる。高いリソース効率を維持するには、特にプロセスに変動がある場合は、処理される順番が来るのを待つフローユニットが欠かせない。仕事がない状態は避けなければならないからだ。

しかし、リトルの法則があるため、プロセスにフローユニットが増えれば、フロー効率が下がってしまう。さらに、変動が多いプロセスの場合は、高リソース効率と高フロー効率を両立するのが不可能であることを、変動効果の法則が示している。

ならば、どうすればフロー効率を高められるのだろうか？　三法則を利用して、基本的に四つのことが可能だ。もちろん、言うのは簡単だが、実際にすべてを実行するのは難しい。かなり抽象的な話ではあるが、次の方法でフロー効率を高めることができる。

- （モノ、情報、人の）停滞の原因をなくして、プロセス内のフローユニットの総数を減らす。
もちろん、停滞の原因は数多く存在し、各プロセスによって大きく異なる
- 仕事の速度を上げ、サイクル時間を短縮する
- リソースを増やすことで処理能力《キャパシティ》を高め、サイクル時間を短縮する
- プロセス内のさまざまな変動を排除・削減・管理する

これらの対処法を実行するのが難しいのは、組織の活動の多くがリソース効率を改善することを目的につくられているからだ。第一章で指摘したように、リソース効率を高めるのはとても大切なことである。しかし、プロセスの三法則が示しているように、リソース効率を高めることに力を入れると、フロー効率が下がる可能性が高くなるのである。

リソース効率を重視しすぎることのもう一つの問題点は、数多くの問題や余計な仕事が増え

るリスクが増すことにある。ときには、そのような仕事が組織全体の仕事の大部分を占めることもある。特定リソースのリソース効率を高く維持できたとしても、そのような「リソースが稼働している状態を維持するための仕事」が本当の意味での価値をもたらすことはない。この状態を、私たちは「効率性のパラドックス」と呼んでいる。

# 第四章

# 効率性のパラドックス

多くの組織はフロー効率よりもリソース効率を重視する。キャパシティをできるだけ使い切ろうとするのは、好ましいこととみなされているだけでなく、多くの場合はおもな目標でもある。この考えに立脚すれば、とてもうまく運営されている組織には、使われずに余っているキャパシティはない、ということになる。そのような状態は、組織から見れば有益かもしれないが、顧客の視点で見れば問題をはらんでいる。本章では、リソース効率にこだわりすぎることで生じる悪影響を紹介する。それら悪影響が、フロー効率の高い組織には場違いなリソースや仕事、あるいは試行錯誤を必要とする新しいニーズを生んでしまう。つまり、リソースの稼働率を高めようとすることで、やらなければならない仕事の量が増えるという矛盾が生じるのだ。本章を通じて、効率性のパラドックスについて論じ、非効率性の原因となる三要素を明らかにする。

# 非効率性の第一の原因
## ――長いスループット時間

リソース効率の高い組織は数多くのネガティブな影響に見舞われる。顧客にだけでなく、会社にも従業員にもネガティブな影響だ。それらは三つの「非効率性の源」から生じる。最初の源は長い〝待ち時間〟に対する人間の対応能力に関係している。例を見ていこう。

### 待ち時間から生じたアリソンの新しいニーズ

本書冒頭の例で、アリソンは乳癌の検査結果を受け取るまで四二日も待ち続けた。そのような長い待ち時間は、不満、イライラ、そして何より不安の原因になる。不安があまりにも大きかったので、アリソンは仕事を休んだ。

そのため、彼女の雇用主は彼女の代わりとなる人材を雇うことになったかもしれない。もし、その人物がアリソンほど仕事に熟練していなかったら、トレーニングも必要になるだろう。トレーニングをしたところで、その代理人はアリソンほど仕事ができるとは限らない。おそらくミスをして、顧客や会社のほかの従業員に迷惑をかけたはずだ。このような想像はいくらでも続けられる。

この想像の物語からわかるように、ニーズが満たされないと、新たな形のニーズが生まれ、それがまた別のニーズを呼び覚ます。つまり、連鎖反応が起こるのだ。そこで、原因と結果の連鎖反応をたどってみよう。

初め、アリソンは診断結果を求めていた。この望みを理由に彼女は診断プロセスに足を踏み入れたのだから、診断こそが「一次ニーズ」と呼べるだろう。しかしながら、診断までのプロセスがあまりにも長く続いたため（一次ニーズがなかなか満たされなかったため）、数多くの「二次ニーズ」が生じた。時間とともに不安が募り、仕事にも行けなくなった。

そのせいでアリソンの雇用主に代理人を雇って訓練するという別の二次ニーズも生まれた。しかし、トレーニングをしたにもかかわらず、代理人はミスを犯した。その結果、顧客の信頼を回復するというさらなる二次ニーズが生じる。このように、アリソンの一次ニーズを満たせなかったことで、原因と結果の連鎖反応が起こって、数多くの二次ニーズが新たに発生したのである。

このシナリオは架空の話ではあるが、待ち時間が新たな形のニーズを生むという点は理解できるだろう。次の例も、因果の鎖を明らかにしている。

## 待ち時間が貴重な機会への扉を閉じる

年末、誰もが本当に忙しくしている職場を想像してみよう。あまりに忙しいので、翌年の冬の会議の開催地を決めるミーティングに何人かが遅刻する。そのため、ミーティングの開始が予定より一五分遅くなった。

ミーティングが終盤にさしかかったとき、開催地候補の一カ所に関する情報が不足していることが明らかになった。時間がなくて、情報をすべて集められなかったのだ。そのため、別の日程でミーティングをやり直さなければならなくなった。

出席者はそれぞれ手帳を引っ張り出し、五分ほどあれやこれやと話し合ったうえで、全員が出席できるのは二週間後であることがわかった。二週間後、ミーティングが開かれ、冬の会議の開催地が選ばれた。

代表者が開催地の会議センターにメールで予約を申し込むと、次のような返信が送られてきた。「申し訳ございませんが、二週間以上連絡がございませんでしたので、ご希望の日時はご利用いただけなくなりました」。結局、もう一度ミーティングを開いて、場所か日時を変える相談をしなければならなくなった。

この例の一次ニーズは、冬の会議の開催地を決めること。しかし、参加者が遅刻してきたし、必要な情報をすべて集める時間もなかったので、決断は先送りになった。それが引き金になって、一連の二次ニーズが生じる。

二回目のミーティングの日時を決めるためにスケジュールを見直し、ミーティングへの招待を新たに発行し、実際にミーティングを開かなければならなかった。ところが、希望の会議センターが利用できないことがわかったので、さらに新しいミーティングが必要になった。アリソンの場合と同じで、ここでも原因と結果の連鎖反応によって数多くの二次ニーズが生じてしまった。

## 長いスループット時間が二次ニーズを生む

ここで見た二つの例が、物事に時間がかかると生じる悪影響を示している。これがアリソンと会議の開催地選びの根本的な問題だった。言い換えれば、この例が示しているのは、第三章で見たようにリソース効率の高さばかりに注目したせいで延びたスループット時間がもたらす弊害である。

両例における問題の核心は、スループット時間が長くなることで生じた悪影響が、新たな二次ニーズを生むことにある。まるでドミノ倒しだ。最初のドミノが倒れたら、それが二枚目のドミノを倒し、倒れた二枚目のドミノが三枚目のドミノを倒す……。

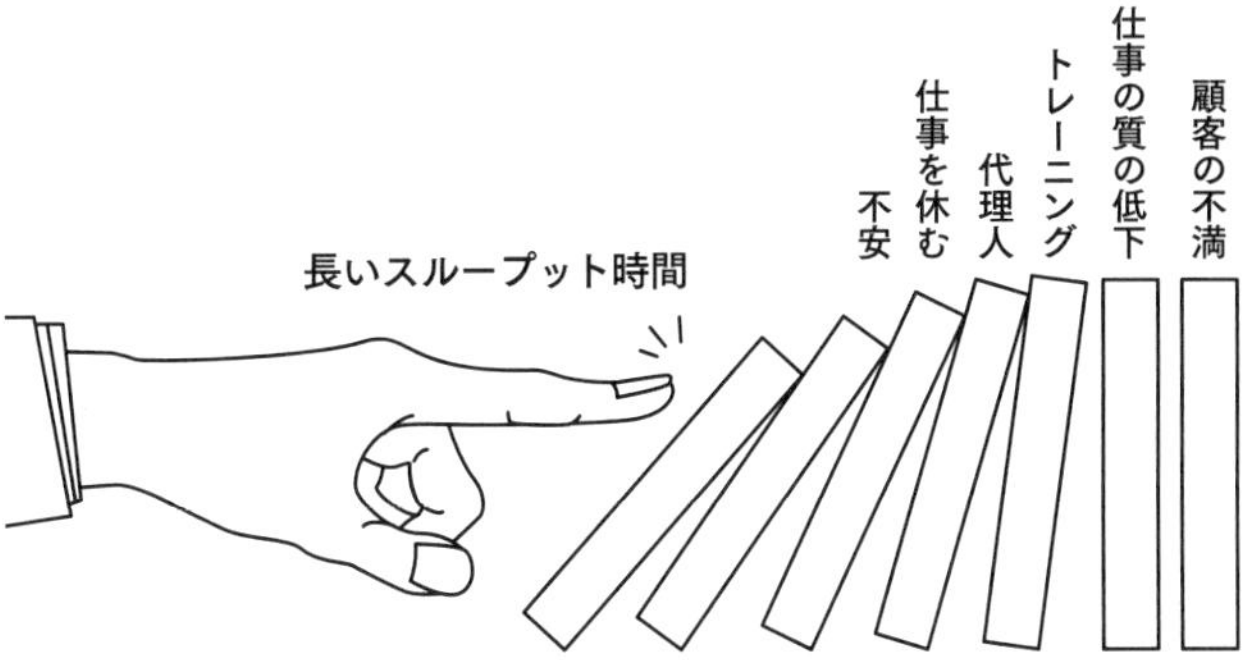


この例で一枚目のドミノを倒す原因になったのは長いスループット時間である。長いスループット時間こそが、さまざまな問題を引き起こす非効率性の源なのだ。アリソンの例の場合、長いスループット時間が上の図のようなドミノ効果を引き起こした。

私たちが長いスループット時間にうまく対処できないことが非効率性の第一の源であり、そこから数多くの問題が生じる。結果として、退屈、不安、イライラなどにつながる。やる気やインスピレーションをなくしてしまう。どうでもいいことを気にかけてしまう。

多くの場合、その影響で困難や問題が生じ、それらに対処するために、組織に新たなリソースやアクティビティが必要になるのである。

## 非効率性の第二の原因

### ――多すぎるフローユニット

リソース効率の高い組織が抱える非効率性の二つ目の原因は、一つ目の原因と密接に関係していて、〝多くのことを同時に処理する〟能力が問題になる。例えば、一通のメールに回答するのを先延ばしにすればするほど、返信しなければならないメールが増えていく。出張の領収書の処理を待てば待つほど、処理しなければならない領収書が増えていく。多くの事柄を同時に処理することがどのような悪影響を及ぼすか、例を見てみよう。念のためもう一度強調しておくが、問題の核心は二次ニーズが生じる点にある。

#### 在庫が増えれば追加のリソースも必要になる

製造業者でフロー効率が低いと在庫が増える恐れがある。そして増えた在庫が二次ニーズを生じさせる。第一に、保管スペースが必要になる。それ自体にコストがかかるうえに、空調、管理、セキュリティなど別のコストも生じる。第二に、在庫と進行中の作業が大きく膨れ上が

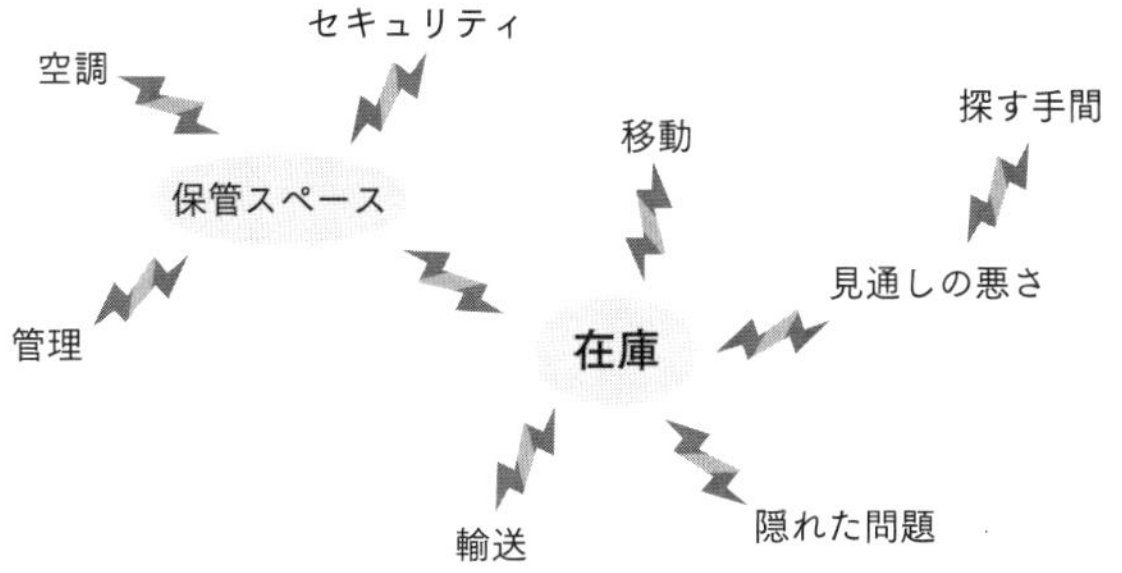


ると全体像を把握するのが難しくなる。全体を見渡せなければ、個々の要素を探す時間も面倒も増える。第三に、在庫と進行中の作業が問題の存在を隠してしまう。製造過程の一工程で、つくられる部品の質が下がったと想像してみよう。処理中の製品の数が多いと、品質問題を見つけてなくすのは簡単なことではない。

これらはどれも、在庫が多いせいで生じた二次ニーズの例だ。ここで大切なのは、もし在庫が少なければそのような二次ニーズは生じていなかっただろうという点だ。在庫を増やすことの問題点は、上の図で表せるだろう。図を見ればわかるように、大量の在庫を抱える組織は余計な仕事が増えるのである。

## メールが多すぎてストレスが増える

Eメールはすばらしい発明だ。でも、分類されてもいない二〇〇通のメールであふれる受信トレイを眺めるとうんざりしてしまう。さあ、どれから手を付けよう？　この場合、重要なメールに返信することが一次ニーズになる。しかし、メールの数が多いと、メールを分類する方法を考えるという二次ニーズが生じる。例として、メールを日付順に処理するという方法が考えられるだろう。重要な人に最初に返信するというやり方もあり得る。〝フラグ〟が立っているメッセージを最初に探してもいいし、自分が直接の宛先ではなくＣＣとして受け取ったメールを破棄することから始めるのもありかもしれない。

並び替え、構造化、検索――どの方法を使うのもあなたの自由だが、それらはどれも大量のメールを処理する際に生じた二次ニーズを満たすためのアクティビティだ。一次ニーズはメールを読んで、返事を書いて、保存すること。ところがメッセージの数が増えると、全体を見渡すためのアクティビティが必要になる。不要な仕事が増えるだけでなく、大量のメールを一度に処理する作業は大きなストレスにもなる。

## あまりにも多くのことに手をつけるとコントロールを失う

人間の能力には限界があるので、同時に多くのことを処理しようとすると、たくさんの二次ニーズが生じてしまう。例えば、サービス業者がいっぺんに大量の顧客を処理しようとすると、個々の顧客は自分が数多くの顧客の一人としか扱われていない、惨めな気分を味わうだろう。レストランで三〇人の顧客がサービスを待っているとき、彼ら一人ひとりのニーズを満たすのは難しい。スタッフは気配りが行き届かず、心のこもった対応ができなくなるかもしれな

い。入店したのになかなか店員に気づいてもらえない経験は、誰にでも少なからずあるだろう。対応すべき顧客が多いほど、顧客が特別な扱いを受ける可能性は低くなる。結果、二次ニーズが生じる。無視されて機嫌を悪くした顧客を満足させるために、余分なリソースが必要になるのだ。ジャグリングはボール三〇個でやるよりも、三つのほうがよほど簡単なのである。

事務仕事の場合、進行中のプロジェクトや案件がたくさんあって同時に処理することが多すぎるときに、人的要因《ヒューマンファクター》の影響力があからさまになる。情報技術の進歩のおかげで、情報の保存にはさほどコストがかからなくなった。しかし保存することにより、概観を得るのが難しくなる。タスクが山積みになると、全体像を見失いやすくなるのだ。人間の脳が同時に覚えることができる事柄の数は五つから九つだと考えられている。それ以上になれば、記憶が追いつかなくなり、ミスを犯してしまう。要するに、私たちには同時に大量の物事に対応する能力がないのである。

## 多数のフローユニットを処理すると生じる二次ニーズ

数多くの事柄を並行処理できないことが非効率性の第二の源で、そこからもたくさんの問題が生じる。在庫、Eメール、またはタスクであろうと、本章の例が示すとおりあまりに多くのことを同時に対処しなければならなくなると、新たな二次ニーズが生まれてしまう。しかも、多くを同時処理する必要性は、リソース効率に重点を置くことでさらに高まる。

第三章で、リソース効率に重点を置くとプロセス内のフローユニットの数が増えるという話をした。顧客、プロジェクト、タスク、製品、素材など、処理される対象は組織によってさまざまではあっても、作業中でありながらまだ処理が終わっていないフローユニットが多くなる。リソース効率の高い組織は仕事がない状況を避け、処理する対象を絶えず確保しようとするため、そうなるのが当然なのだ。

組織や個人が同時に大量のフローユニットに対処しようとするとき、数多くの悪影響が生じる。コントロールを失い、不満やストレスが募る。全体を見渡すのが難しくなり、仕事の山の陰に隠れた問題が見つけられない。同時に数多くのフローユニットに対処するので、組織は追加のリソースに投資したり、仕組みやルーチンを新たに開発したりする必要も生じる。大量のフローユニットを処理しなければならない組織にしか生じない二次ニーズを満たすためだけに。

# 非効率性の第三の原因
## ――フローユニットごとに何度もリスタート

リソース効率の高い組織が非効率に陥る三つ目の原因は、数多くの〝リスタート〟に対処する人の能力の限界にある。リスタートがどんなもので、なぜリスタートが個人や組織に悪影響を及ぼすのかを知るために、次の例を見てみよう。

### 同じタスクを最初からやり直すときに生じる頭の切り替え時間

同じタスクをやり直す必要が生じた場合はリスタートとみなせる。例えば、受信トレイにたくさんのEメールがたまっている場合、メッセージを二回以上読まなければならなくなる可能性が高くなる。メールのいくつかが一回で処理するにはあまりに複雑で、読んだあとにいったん整理してから、のちに読み直したりする場合があるだろう。詳しい情報を得るために、何度も読み返すこともあるかもしれない。

やらなくてはならない仕事が山のように積み上がっているとき、全体像をとらえるのは難しい。仕事の分類や構造化に時間とエネルギーを費やさなければならず、遅延が生じる。そのような遅延と種々のアクティビティ（検索、識別、分類、構造化など）のせいで、同じ情報に何度も繰り返し目を通すことになる。

頭を切り替えてリセットしなければならないという意味でも、同じことのリスタートはやっかいだ。あるタスクに意識を向けるまでには時間がかかるので、複数のタスクを同時に扱うのは精神的にとても困難な作業になる。意識を一つのタスクから別のタスクへと繰り返し切り替えなければならない場合は、特に難しい。いっときに扱うタスクが少なければ少ないほど、容易に集中できる。タスク間の切り替えが頻繁になればなるほど、総作業時間に対するメンタルセットアップ、つまり頭を切り替えてリセットするまでの時間の比率が高くなる。

要するに、人間の能力に限界があるため何度もリスタートが必要になり、仕事を一回で終わらせれば決して生じないであろう二次ニーズが生まれるのである。

## 多数の引き継ぎがフラストレーションを生む

複数の人が同じタスクに関わるときにもリスタートが生じる。例として次の場面を想像してみよう。買ったばかりの携帯電話に不具合が見つかったため、あなたは携帯電話会社に電話をかけた。すると録音されていた音声が自動で流れてきて、たくさんの選択肢を並べ立てた。

もしもし、携帯電話が故障したのですが……
もしもし、携帯電話が故障したのですが……
あのね、ケータイが壊れたんですよ……

あなたは自分の問題がどの選択肢に該当するのかよくわからなかったので、とりあえずボタンを押してみる。すると、新しい選択肢が四つ提示された。そこでも適当にボタンを押すと、ようやくオペレーターにつながる呼び出し音が聞こえてきた。

その合間に「すぐにお取り次ぎいたしますので、しばらくお待ちください」とアナウンスが聞こえてくるが、いつまで待てばいいのかはわからない。もう一〇分ほど待っただろうか。一時間のようにも感じる。ようやく本物の人間につながった。ところがその人物はあなたの要望に応えることができなかったので、担当者につなぎ直すと言う。

ありがたいことに、二人目の人物はすぐに電話口に出た。あなたが問題をもう一度説明すると、驚いたことに、別の人に話してくれと言われる。あなたはイライラが募り、三人目の担当者に怒りを爆発させてしまった。

以上が、リスタートの特殊形態、つまり顧客がさまざまなステージを通過するたびに生じる〝引き継ぎ〟の例だ。電話をかけたあなたはさまざまなオペレーターのあいだでたらい回しにされ、問題を解決できる人物につながるまで三回の助走が必要だった。腹立たしいことに、そのたびに問題を説明しなければならなかった。

部分的には、プロセスがどうデザインされているかで引き継ぎの回数が決まる。すべてのフローユニットが、たった一つのリソース（機械や人物）としか接点をもたないプロセスは可能ではあるが、極めてまれだと言える。

プロセスというものは、各フローユニットがたくさんのリソースを通過するようにデザインされるのが普通だ。必要なすべてのタスクが、一つの場所の一人の人物や一つの機械で実行されて終了するプロセスはほとんど存在しない。

## 引き継ぎが増えれば欠陥が生じる

引き継ぎは「伝言ゲーム効果」のリスクを高める。伝言ゲーム効果とは、情報は中継（引き継ぎ）の数が増えるごとに歪んでいくという現象を指す言葉だ。また、引き継ぎの数の多さは、「こっちの持ち分は終わった、次はあんたがあんたの分をやってくれ」という考え方につながる。そのような状況では、誰も全体に対する責任を負わないし、最善の仕事がなされることもなくなる。結果として、プロセス内のステージ間の引き渡しで二次ニーズが生じるのである。

## リスタートが多いと二次ニーズが生まれる

リスタートが多くうまく対処できないことが非効率性の第三の源であり、そのせいでたくさんの問題が生じる。例からわかるように、一人の人物が同じタスクをやり直す場合も、複数の人物間で引き継ぎが行われる場合も、いずれにせよリスタートにより新たな二次ニーズが生まれるのである。

リスタートの問題の根底には、リソース効率の重視がもたらす二つの悪影響――プロセスのスループット時間の長さとフローユニットの多さ――が横たわっている。リソース効率の高い組織では、物事に時間がかかり、多くのことが同時に行われなければならない。それがリスタートの回数を増やす原因になる。

フローユニットの処理が数多くのリスタートで中断されて、さまざまな二次ニーズが生まれる。何をやっていたかを忘れるので、やり直さなければならなくなる。頭のリセットに時間がかかり、効率が落ちる。情報が失われ、ミスが増える。不正確な引き継ぎが行われ、問題と仕事の重複が増える。

## 余計な仕事を増やす二次ニーズ

顧客が組織と関わりをもつのは、一次ニーズを満たすという目的があるからだ。言い換えれば、一次ニーズがあるから顧客は組織に接触してくるのだ。ここまでの議論からわかるように、組織があまりにも極端にリソース効率に重点を置いている場合、三つのタイプの非効率性が生じ、その結果として数多くの問題が発生する。さらに、それらの問題が二次ニーズを呼び起こし、組織はそれらも満たさなければならなくなる。つまり、組織が顧客の一次ニーズを満たし損なうから、二次ニーズが生じるのである。

二次ニーズは二次ニーズで、さらなる二次ニーズをもたらすことが多い。その結果、左の図で示すような連鎖反応が始まる。このようなドミノ効果が、最後には組織に害をなすことがある。〝実際の〟顧客価値を生み出さないまま、二次ニーズがリソースを消費してしまう。

しかし、二次ニーズの根本的な原因は何だろうか？　本質的に、リソース効率を重視しすぎるとフロー効率が下がる。その際、顧客のニーズが複数の小さなステップに分割され、さまざ

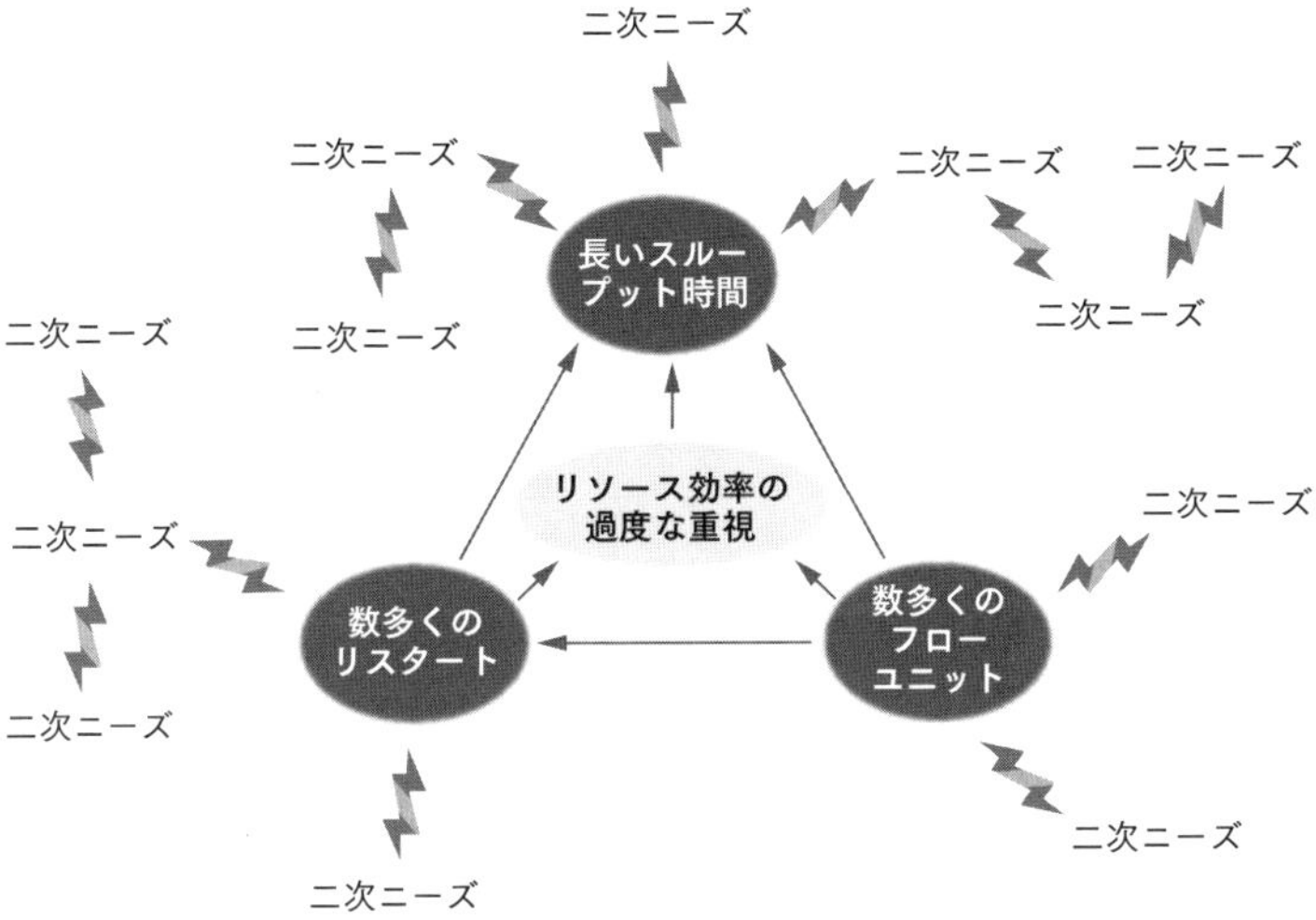


まな個人や組織部門によって満たされるようになる。いわば〝効率性の孤島〟がいくつもできるのである。そして、どの孤島もプロセス全体を見渡すことができない。それぞれが見ているのは、自分の領域だけだ。
　そのような状況では、各部門が部分最適化された能力でしか機能しない組織ができあがってしまう傾向がある。個別に部分最適された部門は、効率は高いかもしれないが、プロセス全体のフロー効率は下がり、さらに一連の二次ニーズが生じるリスクが高くなる。
　二次ニーズは組織にとって有害だ。なぜなら、それらは私たちが「余計な仕事」と呼ぶもの、つまり二次ニーズを満たすためだけに必要な追加の仕事をもたらすからだ。余計な仕事は、言い換えれば無駄ということ。なのに、私たちはそれが無駄だと気づかないことが多い。価値を増やしている、と私たちは考えるが、実際にはそうではないのである。それでもなお、二次ニーズを満たすことをやめるわけにもいかない。

検査結果がいつ出るかをアリソンが病院に電話で尋ねたとき、応対した看護師は質問に答えることで価値ある仕事をした気になったかもしれない。しかし、アリソンがもっと早く検査結果を得ていれば、そもそも忙しい看護師から時間を奪う必要などなかったのである。その時間を、看護師はほかの患者のために使えたはずだ。したがって、アリソンの待ち時間が医療システムに余計な仕事をもたらしたのである。

## 極めて〝非効率的〟な領収書の管理

本書の著者は自らの仕事のしかたを顧みることで、余計な仕事の本質をよりよく理解できるようになった。私たち二人は毎月のように繰り返される財務処理を楽しいと感じたことがない。出張費として計上するために、タクシーの領収書をとっておかなければならない。レシートも保管して、毎月のクレジットカードの請求書と照らし合わせる必要がある。そのほかにも、ありとあらゆる種類の請求書がある。個人の出費のレシート、仕事に関係する領収書なども。

何日に、と決まっていたわけではなかったが、私たちは気が向いたときにポケットや財布からすべての領収書を取り出して、「領収書ボックス」と名付けた箱に入れることにしている。二人とも忙しい（能力を最大限に発揮しようと努めている）ので、領収書や請求書の処理を後回しにしてしまう。領収書ボックスがいっぱいになるまでほったらかしだ。だが、そのうち気がかりなことが増えていく。大切な支払いを忘れていないだろうか？　重要な領収書がなくなっていたらどうする？　まだ経費として請求していない未払い額はどうなるのだろうか？

そこで私たちは紙の山に飛び込んで、なんとか秩序をもたらそうとするのだが、あまりにも雑然としていて、捜しているものが見つからないのである。だから私たちは、マネジメント分野の研究者として、秩序をもたらすためのシステムを考案した。

カラフルな仕分け箱と、ラベルをつくるための道具を買う（皮肉なことに、そのせいで紙仕事が増えるのだが）。そうすることで、領収書の山に秩序をもたらすさまざまなアクティビティが実行できるようになる。最初のアクティビティは領収書を日付で分類すること。次に、一日ごとに分類した領収書を、クレジットカードの種類によってさらに分類する。そこまでしてようやく、レシートを一枚ずつ処理できるようになる。ところが困ったことに、何の領収書かを忘れている箱が少なからず存在する。だから第三のアクティビティとしてカレンダーを見直して、どれが何のレシートなのかを突き止めるのだ。そして四番目のアクティビティとして、領収書を提出したり記録したりするのである。システムを考案し、価値を生み出したことに、私たちは誇りをもっていいだろう。

しかし、事務処理のために新しい仕組みを考案したことは、本当に価値をもたらしたのだろうか？　答えは「ノー」だ。最初の三つのアクティビティはどれも余計な仕事でしかない。好きか嫌いかに関係なく、領収書はすべて処理されなければならないのだから、その活動に紛れている余計な仕事も多くの価値を生み出していると感じられる。しかし本質的に、余計な仕事は一次ニーズ（領収書の処理）を満たせなかったために生じた新たなニーズに対処するために行われるのである。余計な仕事の根底には、必ず失敗が横たわっているのだ。

なぜだろうか？　第一に、どの領収書もスループット時間が長い。領収書を受け取った時点から処理が行われるまで、価値がまったく付加されていない。私たちがやることといえば、領収書を箱に入れることだけだ。そのため、領収書によっては処理されるまで一カ月以上待つこ

とになり、それだけの期間があるため、私たちはそれが何の領収書だったかを忘れてしまう。
第二に、待ち時間が長かったため、大量の領収書を処理しなければならなくなった。そのため、領収書を仕分けして、それを受け取ったときの情報を探す必要が生じた。領収書を分類して秩序をもたらすために、物理的なリソース（仕分け箱とラベルメーカー）に投資することにもなった。
第三に、領収書一枚につき、少なくとも四回のリスタートが行われた。要するに、どの領収書も最低四回は見直す必要があったのである。

- 構造化 ↓ 日付は？
- 分類 ↓ タイプは？
- 調査 ↓ その領収書を受け取った理由は？
- 処理と記録

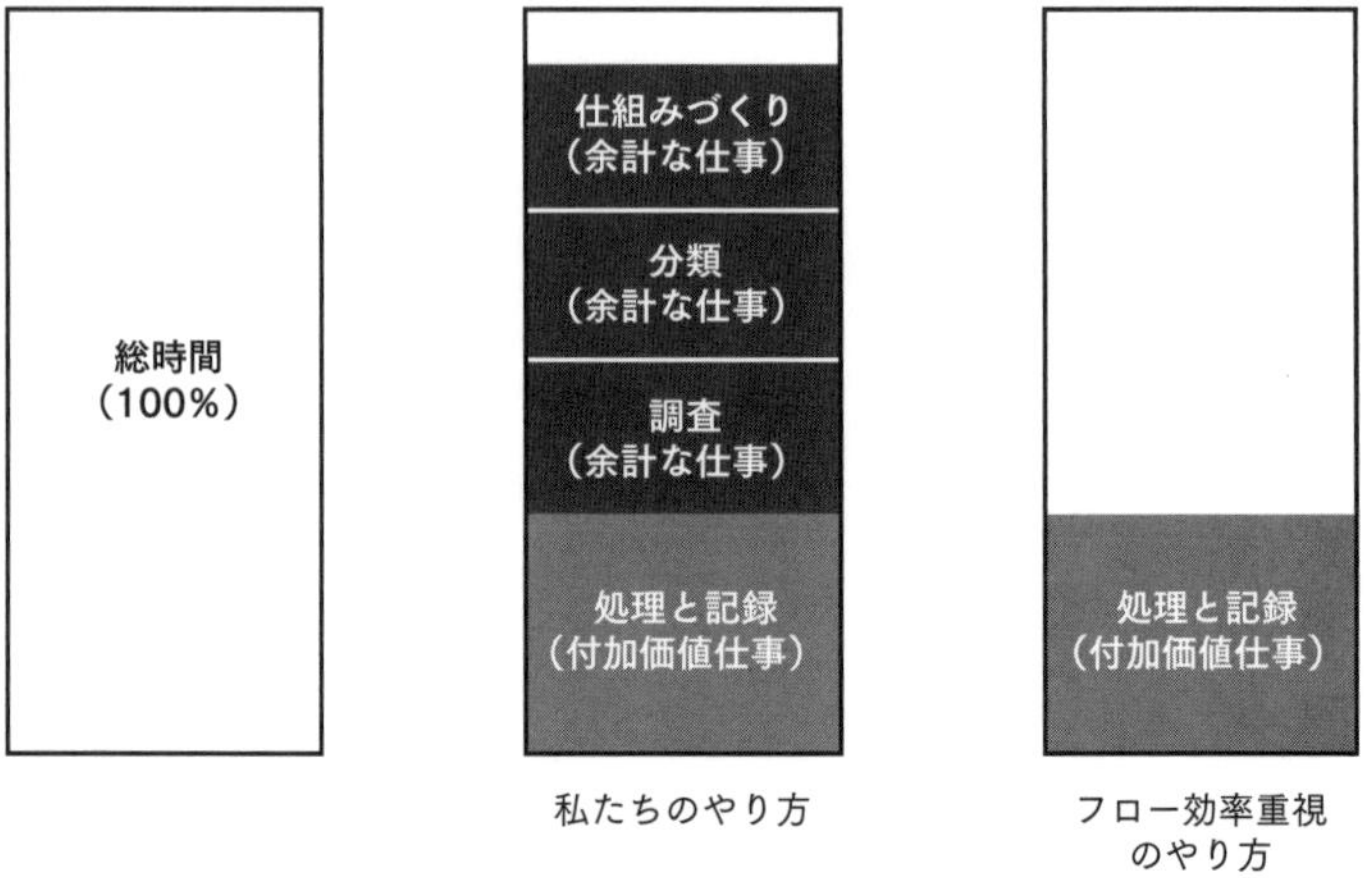


私たちが考案したシステムに含まれる領収書の分類と仕分け、調査、そして記録過程のアクティビティの多くは、もし私たちがフロー効率を重視していれば、やる必要がなかったのである。この例でフロー効率を重視するということは、領収書や請求書を受け取ったらできるだけすぐに処理すること意味している。少なくとも、私たちがやっているよりもはるかに頻繁に処理されなければならない。そうすることで、余計な仕事はなくなるはずだ。一回で数枚の領収書しか扱わないので、仕分けや分類をしなくてもいい。カラフルな箱もいらない。同じ領収書を何度も見返す必要もない。

さらに、私たちの〝偉大な〟方法では、領収書の多くがあまりにも古かったので、それが何の領収書だったか思い出すのが難しかった。そのため、支出の内容の確認に多くの時間が費やされた。領収書をなくしたこともあったし、領収書をもらったという事実を忘れていたこともあった。これらすべてが余計な仕事なのである。右の図が余計な仕事と付加価値を生む仕事の違いを明らかにしている。

以上は単純な例に過ぎないが、それでも組織というものの仕組みをわかりやすく示している。組織で行われる仕事の多くは余計なのだ。図からも明らかなように、領収書に費やした時間のわずかな一部分だけが〝本当の〟価値を生み出している。このことは、多くの組織にも当てはまる。次の問いに誠実に答えてみよう。

「あなたが仕事に費やす時間のうち、二次ニーズを満たすために使われている時間はどれぐらいだろうか？　言い換えれば、あなたの総仕事時間のうち、どれだけを余計な仕事のために使っているだろうか？」

私たちの場合、この問いの答えは「かなりの量」だ。

「だが、私はとても忙しくしているので効率が高いはずだ」と、あなたは言うかもしれない。しかし問題は、あなたが実際に本物の価値を生み出している（二次ニーズを満たしている）のか、それとも二次ニーズを満たしているだけなのか、という点にある。

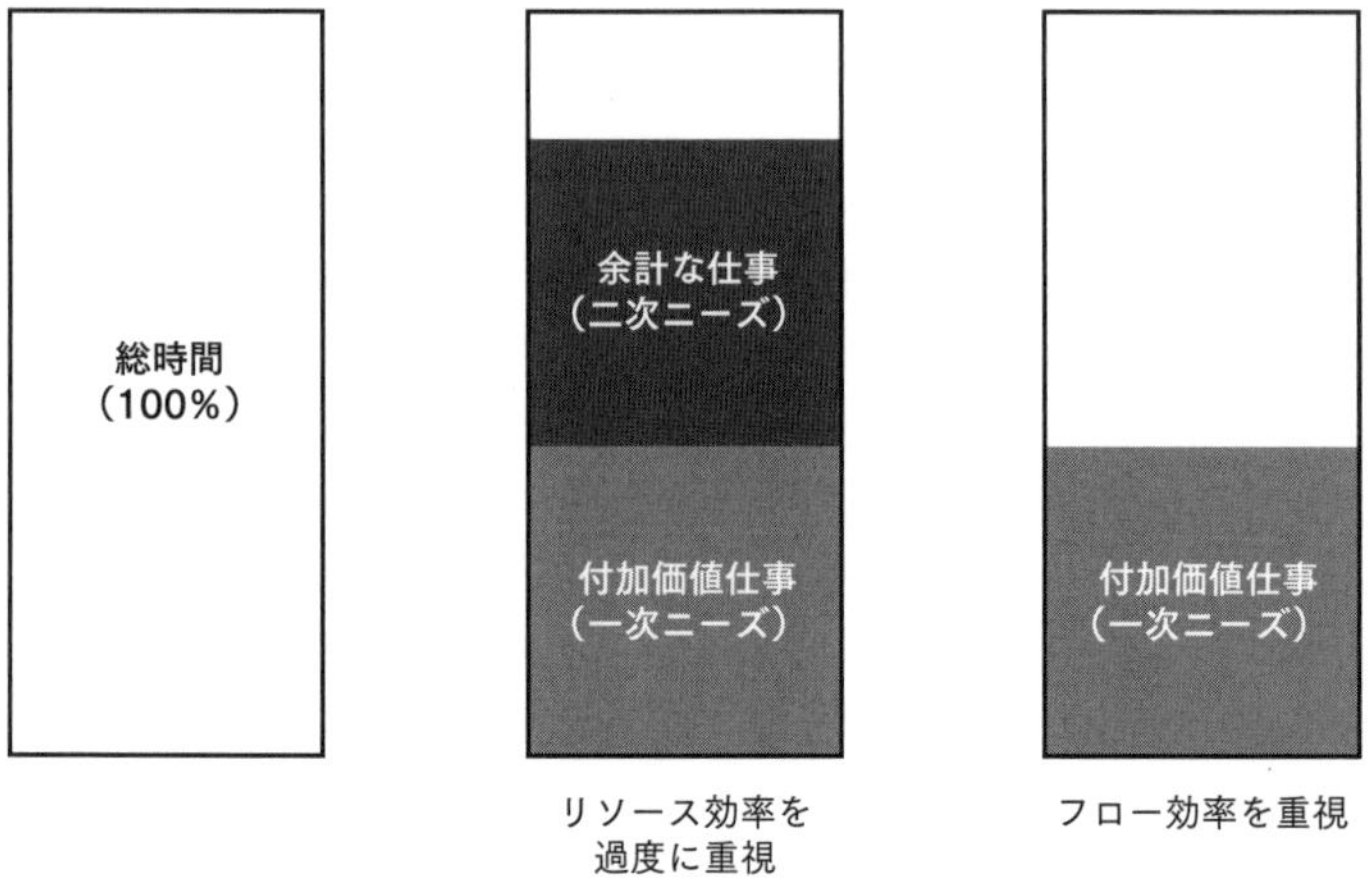


## 効率性のパラドックス

余計な仕事を通じて、効率性のパラドックスを説明することができる。リソース効率に重点を置きすぎると、プロセスの法則が働いてフロー効率が下がる。フロー効率が下がれば、いくつかの二次ニーズが生じる。それら二次ニーズを満たすためのアクティビティは、一見したところ価値を生んでいるが、それらは一次ニーズが適切に満たされていれば、やる必要のなかった活動なのだ。

自分ではリソースを効率的に使っている気になっているが、実際には余計な仕事や付加価値を生まないアクティビティを行うためにリソースを使っているだけ。これがパラドックスなのである。それを明らかにしたのが右の図だ。

効率性のパラドックスは、私たちの領収書がそうであったように個人のレベルでも現れるし、どれぐらいの時間を余計な仕事に費やしていそうかを問えば明らかなように、組織のレベルでも現れる。では、もし効率性のパラドックスが社会レベルでも存在するとしたら？

私たちの組織が懸命に行っている仕事の多くが、純粋な無駄だと考えられる。仕事をたくさんこなしているから自分は効率的だと考える人も、実際にはリソースを無駄遣いしている。このことは、社会レベルにおけるリソースの扱いにとって、何を意味しているのだろうか？

## 効率性のパラドックスの解消

効率性のパラドックスは、私たちが個人として、組織として、そしておそらく社会としてもリソースを浪費していることを意味している。ならば、どうすればパラドックスを解消できるのだろうか？

パラドックスを解く鍵となるのが、フロー効率の重視だ。フロー効率に意識を向けることで、組織はフロー効率の低さから生じる数々の二次ニーズをなくすことができる。具体的には、スループット時間、プロセス内のフローユニット、リスタートの回数を減らす決断をするたびに、余計な仕事も減っていく。皮肉なことに、焦点をリソースの稼働から〝そらす〟ことで、リソースを解放することができるのである。

フロー効率に意識を向けるということは、組織内におけるフローユニットの流れを速くするということ。フロー効率の高い組織は、何度もリスタートする必要がない。プロセスを流れるフローユニットの数が少ないからだ。極端な場合、フローユニットの一つひとつが最高の効率で処理され、何一つとして〝立ち止まる〟ことがない。プロセスのデザインによっては、フローユニットがあるステージから次のステージに引き継がれることもあるだろうが、その場合も引き継ぎは迅速かつスムーズに行われる。流れは途切れず、誰もがプロセス全体に対して責任を負い、そのことを自覚している。

フロー効率の高い組織はリレー競争でたとえることができる。四×一〇〇メートルのリレーで優勝を争うようなチームはバトンタッチがスムーズで、四人のランナー全員がレース全体を把握し、どこで何が起こっているかを知っている。

第一走者が一〇〇メートル地点に近づこうとしているとき、スムーズなバトンタッチと加速のために、第二走者はすでに走りはじめている。バトンが手渡される瞬間、両者とも最高速で走っているので時間のロスが生じない。

その好例が二〇一二年のロンドンオリンピック、四×一〇〇メートルリレーの決勝で、ヨハン・ブレークがウサイン・ボルトにバトンを手渡した瞬間だ。ジャマイカチームは四〇〇メートルを三六・八四秒で走りきった。バトンのフロー効率の世界記録だ!

一方のリソース効率が高い組織では、最初の〝ランナー〟が何本ものバトンを一回で運ぼうとする。実際、運ぶバトンの数は多ければ多いほどいいとみなされる。ところが、第一走者が最初の一〇〇メートルを走り抜けたところで、そこでは誰も待っていないのである。

電話をかけてみると、第二走者は会議に出るためにタイにいた。それから何回か電話をかけて、第二走者の代わりに走ってくれる人をようやく見つける。九日後、たくさん抱えていたバトンをようやく渡すことができたが、二本は失われ、一本はスタート地点に置き忘れていた。

これでは金メダルはほど遠い。しかし悲しいかな、多くの組織がまさにそのように行動しているのである。

ここで興味深い疑問が生じる。もし私たちが社会レベルで〝全体像〟を見て、フロー効率を追い求めるようになったら、いったいどれだけのリソースが無駄にならずにすむのだろうか?

世界的に、食料、エネルギー、水などのリソースに対する需要が過去のどの時代よりも高まっている。もし私たちが部分最適や〝孤島の考え〟を捨てたら、天然資源の使い方をどれほど改善できるのだろうか？

効率性のパラドックスをなくすための戦略の一つが「リーン」と呼ばれる考え方である。リーンはフローに焦点を当てて、リレーをうまく走れる組織をつくろうとする。孤島を見るのではなくて、真の顧客のニーズに応えるために全体を見ようとする。

リーンはこれまで多くの業界で応用され、数々の無駄や余計な仕事をなくしてきた。それなのに、リーンという概念自体は定義が曖昧で、あまりよく理解されていない。本書の後半では、リーンについて詳しく見ていくことにする。そのためにも、まずは「リーン」という言葉の由来を知っておく必要がある。

# 第五章

# むかしむかし……トヨタは顧客重視を通じてどのようにナンバーワンになることができたのか

すでに見たように、リソース効率にこだわりすぎると一連の悪影響が現れる。しかしそのような悪影響は、フロー効率を高めることでなくすことができる。組織ぐるみでフロー効率を高める道を選んだ企業の代表がトヨタ自動車だ。トヨタの選択が、今の私たちがリーンと呼ぶものの基礎を築いた。

本章ではトヨタの歴史に光を当て、なぜ同社がフロー効率を重視するようになったのか、その選択が会社の生産システムの改革にどれほど貢献したかを明らかにする。

# トヨタ自動車の歴史

一九三七年、日本の国内市場向けに自動車を製造することを目的に、豊田喜一郎がトヨタ自動車を設立した。第二次世界大戦が終わったとき、日本は産業の建て直しに迫られていた。そこでトヨタ自動車の代表者たちがアメリカをはじめとした海外に散らばり、自動車製造で成功する秘訣を見つけようとした。

その際、二つの事実にトヨタの人々は困惑した。一つ目は、在庫が多すぎるという点。二つ目は、数多くの製品が製造ラインの最後に修理されなければならなかった点だ。この二点は、トヨタ代表団の考えと大きく食い違っていた。

当時すでに、喜一郎の父親である豊田佐吉がいくつかの基本原則を打ち立てていた。のちにそれら原則がトヨタの自動車生産にとって極めて重要であることが明らかになる。一八九六年、佐吉は自動織機を発明し、繊維産業界に革命を起こした。

その織機は、当時のほかの織機にはない特別な機能があった。糸が切れたら、生産過程が自動でストップするようになっていたのだ。そのため、不具合が生じたことがすぐにわかったので、迅速に解決策を練り、問題をなくすことができた。この方式はのちに〝自働化〟と呼ばれるようになった。

これがいわゆる「ニンベンのついた自働化」で、人間の知恵を得た自動機械を意味している。機械が問題の存在に自ら気づくようになった。つまり、機械が〝人間の知恵〟を得たのである。自働化が佐吉の哲学の中心に陣取り、のちにトヨタが生産システムの骨格として用いた二本の柱の一本になった。

トヨタ自動車を創業したとき、喜一郎は繊維業界にいた父親の哲学を出発点にすることに決め、生産プロセス全体を貫く「糸を見つける」ことに力を注いだ。その結果として生まれたのが〝ジャスト・イン・タイム〟だ。これがトヨタの生産システムの二本目の柱になる。

ジャスト・イン・タイムとは、すべての在庫を廃して、顧客が求めるものだけを生産することでフローを生み出す方式のことだ。どの製品も生産システムを貫いて〝流れ〟なければならない。

# トヨタが直面した経済危機

トヨタがフロー効率に注目するようになった理由を理解するには、第二次世界大戦直後の日本が直面していた問題について知っておかなければならない。当時の日本は資源が圧倒的に不足していたという事実が、トヨタの発展に大いに影響した。同社は、東京大学の藤本隆宏教授が「不足の経済」と呼んだものに直面していた。特に不足していたのが次のリソースだ。

**［土地］**　日本は土地に乏しい小さな国家である
**［技術と機械］**　日本の産業は西洋諸国、特にアメリカ合衆国のそれに大きく後れをとっていた
**［原材料］**　輸送費がかさむこともあり、鉄鋼が不足していた
**［財源］**　日本は危機に瀕していたし、戦後も数年間その状態が続いた。自動車産業の拡大に出資するような金融機関は存在しなかった

このようにリソースが不足していたため、トヨタは効率性について新しい考え方を養う必要に迫られていた。そこで出した答えがフロー効率の重視なのである。トヨタが発展させた生産システムはいくつかの重要な要因を特徴としている。

## 正しいことをやる

リソース不足の第一の影響は、「正しいことをやる」という態度の重要性が増すことにある。要するに、顧客が求めているものをつくる、ということだ。トヨタには資金がなかったので、正しい技術と正しい素材に投資することに力を注がざるをえなかった。間違った投資をするわけにはいかないし、顧客が本当に求めているものを確実につくる必要があった。そこでトヨタは受注生産を行うことにした。注文されていないものはつくらない。

トヨタは、注文されたものだけを生産するために、顧客のニーズを本当によく知ることが大切だと学んだ。顧客のニーズは次の問いで表される三つの側面に分割された。

- 顧客は何（どの製品）を求める？
- 顧客はいつ製品を欲する？
- 顧客はどのぐらいの量を求める？

最初の問いでは、潜在的な自動車購入者が〝何〟を求めているかを問題にしている。顧客と密につながることで、トヨタは顧客の望みを完全に理解できるようになった。つまり、トヨタは望み通りのデザインと機能をもつ製品をつくることができたのである。製品開発を終えたトヨタは、機能に乏しい比較的簡素な機械に投資した。日本の顧客が望むものを正確につくることだけに特化した機械だ。

売れ残りを避けるためには、〝いつ〟そして〝何台〟の車を生産すべきかを知ることも重要だ。そこでトヨタは、いわゆる「プル方式（引っ張り方式）」を発展させた。実際に顧客から注文が入るまで車をつくらない、ということだ。

ある顧客が車を注文すると、関連情報が生産フローをさかのぼる形で伝えられ、生産システム全体に行き渡る。その情報こそが、顧客が何を、いつ、何台求めているかの答えなのだ。

情報の流れ

需要？

何？ ← 何？ ← 何？ ← 何？ ← 何？
いつ？ ← いつ？ ← いつ？ ← いつ？ ← いつ？
量は？ ← 量は？ ← 量は？ ← 量は？ ← 量は？

① ② ③ ④ → 顧客

サプライヤー 製品の流れ 顧客

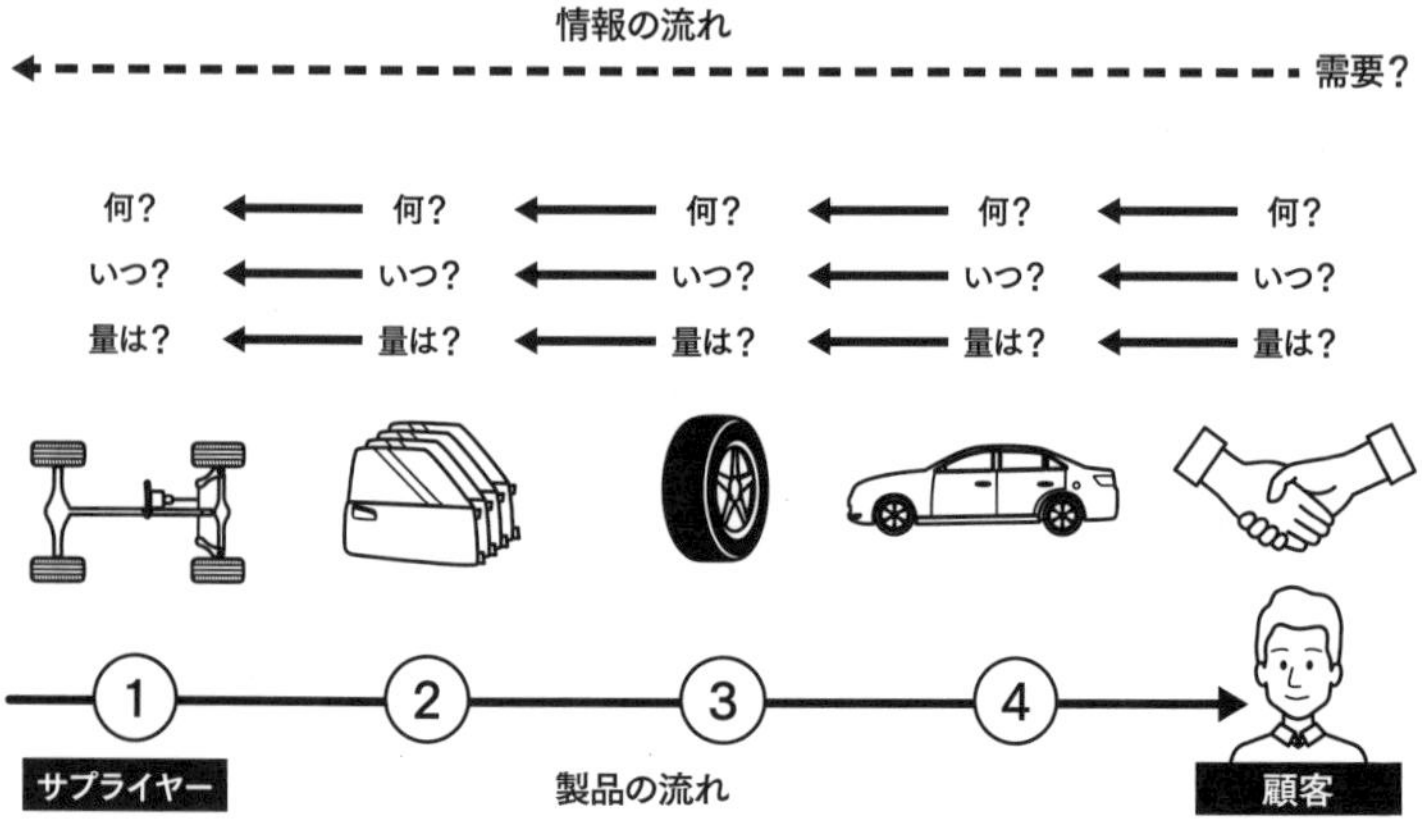

このプル方式の肝は、トヨタが生産プロセス全体を
さまざまなステップで成り立つ一本の流れとみなして
いたことにある。その際、どの製品の流れのステップ
も二つの役割を担っている。内部サプライヤーとして
の役割と、内部顧客としての役割だ（上の図を参照）。

この簡略化された図では、生産システムが四つのス
テップを含んでいて、ステップ１がステップ４に最も近い。
ステップ４で顧客の注文が行われ、需要――何を・い
つ・どれくらい――が特定される。さらに、次の問い
を通じて顧客のニーズを分析する。

・外部顧客のニーズを満たすために、私（ステップ４）
は何（部品・材料）が必要？

・顧客に約束した日時までに製造して納品するため
に、私（ステップ４）はそれら（部品・材料）がいつ
必要？

・製品をつくるために、私（ステップ４）はそれら（部

124

品・材料）がいくつ必要？

図を見ればわかるように、ステップ4がステップ3の内部顧客になる。ステップ3はステップ2の内部顧客になる。ステップ2はステップ1の内部顧客だ。このように、外部顧客のニーズが分解され、注文情報が生産プロセスをさかのぼっていく。ステップ1は必要な材料を外部のサプライヤーに注文する。そしてようやく製造が始まり、各ステップが担当分をつくっては生産プロセスの次のステップに納品するのである。

この例でわかるように、明確に定義されて伝達されるのは外部顧客のニーズだけではない。生産プロセスのすべてのステップで、何が、いつ、どれだけ必要かがはっきりと定義されて伝えられる。

その結果、生産プロセス全体で製品が下流に流れるたびに確実に価値が付加されているのだ。材料は、購入から完成品の納品まで生産プロセスを通じてずっと引っ張られる形になる。そのため、在庫が生じることがない。誰もが何をすべきかを知っていて、誰もがいつすべきかをわかっている。そして、正確にいくつ必要かも把握しているのである。

# 物事を正しくやる

リソース不足がもたらす第二の影響は、「物事を正しくやる」必要に迫られること。つまり、生産品を効率的に処理して、製造途中の製品や完成品が必要以上に倉庫に積み上がるのを避けなければならない。トヨタは、購入した原材料から、納入して現金化できる完成品までの製品化を迅速に行うよう努めた。

プル方式を実現するという目的のために、トヨタは全工程を綿密に計画した。その際、付加価値アクティビティの長い鎖を最初に引くのは外部顧客のニーズであるとした。顧客志向を打ち出したトヨタにとって、目標は生産プロセスのフローを最大にすること。情報は迅速に一方向に流れ、製品は迅速に逆方向に流れなければならない。トヨタは生産プロセスの各ステップ間で仕掛品が滞るのを防ぎ、プロセスの流れをせき止める可能性のあるあらゆる障害を取り除こうとした。フローを改善するために、製品に価値を付加しない非効率的な作業や無駄はすべてなくす。

そこで、トヨタは七つの〝ムダ〟を特定した。どれも生産フローを妨げ、製品にも顧客にも価値をもたらさないものだ。

**【つくりすぎのムダ】** 生産プロセスのどのステップもつねに顧客が求めるものだけを生産する

**【手待ちのムダ】** 生産工程では機械にも人員にも不要な待ち時間を避けなければならない

**【運搬のムダ】** 工場のレイアウトを変更して、資材や製品の運搬を避ける

**【加工のムダ】** 部品や製品に対して、顧客が求めている以上の加工は避ける。必要以上に精密または複雑な、あるいは高価なツールを用いることもしない

**【在庫のムダ】** 在庫とは、プロセスにとどまり続ける資本であり、問題の温床になる。機械のセットアップ時間（機械をある作業から別の作業へ切り替えるのに必要な時間）を減らすなどして、在庫のムダを省く

**【動作のムダ】** 素材集めや道具を手に取るとき、人が動かなくてもいいように職場を形づくる

**【不良品をつくるムダ】** 生産プロセスのどの工程も、欠陥のないもののみをつくる責任を負う

トヨタは〝正しくやる〟ことに重点を置くことで、誤った製品や欠陥品を顧客に届けるリスクを避けたのである。しかるに、品質保証と品質管理がとても重要になった。製品が最初から

正しいものであることを確実にするために、全従業員が品質に責任を負わされていた。自働化を自動車生産に応用する手段として、生産ラインの天井に沿って一本のコードが設置された。問題が発生したとき、気づいた者がそれを引くことで生産がストップするのである。問題はさらなる発展と改善の機会とみなされた。ポジティブな出来事ととらえられたのである。ただし、即座に特定、分析、排除されるべきで、決して再発してはならない。欠陥品が顧客の手に渡ってはならない。

## 不足の経済が強いる全体像の把握

トヨタの物語で最も重要な点は、同社はリソースが不足していたため、フロー効率を重視する生産システムを開発せざるをえなかったことにある。リソース不足がトヨタの目を顧客に向けさせた。トヨタは生産プロセスのすべてのステップを内部顧客およびサプライヤーとみなすことを通じて全体像を把握した。生産プロセスのすべての部分が一本の鎖としてつながっているのである。

顧客の注文は流れに逆らう形でプロセス全体に伝えられ、注文通りの製品が下流に向かって引き出される。目標は、フロー効率を最大限にすること。つまり、注文から納品と支払いまでのスループット時間のどの瞬間においても、付加価値がもたらされる形をつくることだった。トヨタの生産プロセスはフロー効率が高かった。このトヨタの生産プロセスを、西側諸国の人々が「リーン」と名付けたのである。

# 第六章

# 西の荒野へようこそ……君のことはリーンと呼ぼう

トヨタの社内生産哲学と呼べる「トヨタ生産方式（ＴＰＳ）」は一世紀近くの時間をかけて育まれてきた。現在では、ＴＰＳは西側諸国でもよく知られ、製造業やサービス業で模範とされている。ＴＰＳは日本ではもっと深く根付いている。ほとんどの書店で「ＴＰＳ入門」や「英語で学ぶＴＰＳ」などといった本が売られているほどだ。一九八〇年代が終わろうとしていたころ、西側諸国の研究者によるトヨタへの関心が一気に高まった。彼らは自分たちが見たものから新しいコンセプトを立ち上げて「リーン」と名付けた。

したがって、「リーン」はトヨタを出発点にこそしていたが、ＴＰＳとは異なる概念。リーンとＴＰＳは同じように発展し、似た言葉で説明されるが、別々の考え方なのである。

## 大野が定義したトヨタ生産方式

大野耐一は「TPSの父」と呼ばれている。一九三二年に豊田一族の企業グループでキャリアをスタートさせた人物だ。持ち合わせた知性とほぼ六〇年にわたる徹底的な献身を通じて、大野はトヨタの生産哲学を絶え間なく発展させていった。トヨタの創業者である豊田喜一郎のいとこの豊田英二とともに、大野はその哲学を「トヨタ生産方式」と名付けた。一九七八年、大野は『トヨタ生産方式――脱規模の経営をめざして』（ダイヤモンド社）というタイトルで本を出している。大野は規模の経済と大量生産を否定し、生産性とはフローを通じて生み出される、という立場を維持した。

「私たちがやっていることといえば、顧客が注文した瞬間から私たちが現金を受け取るまでのタイムラインを見ることだけだ。そして、付加価値をもたらさないムダをなくすことでタイムラインを短縮する」

当初、大野の本は日本だけで出版されていた。出版以来、トヨタの日本人従業員のあいだで最も広く読まれた書籍であり続け、同社のバイブルとみなされている。製造をテーマにした本ではあるが、トヨタのマネージャーらは、同書の〝行間〟を読めばあらゆる種類のリーダーがＴＰＳについて知っておくべきことのすべてがわかると主張する。

大野の本は一九八八年に英語で初めて出版された。それ以前、数多くの西側諸国の専門家がＴＰＳを説明しようと試みたが、わかりやすい形で描写することは誰にもできなかった。

## 日の目を見たリーン

「リーン生産」という言葉が最初に用いられたのは一九八八年、ジョン・クラフシックが専門誌『スローン・マネジメント・レビュー』で発表した「Triumph of the Lean Production System（リーン生産方式の勝利）」というタイトルの記事だった。この記事でクラフシックはさまざまな自動車メーカーの生産性レベルを比較した。そして二種類の生産システムが存在することを突き止めた。堅牢なシステムと脆弱なシステムだ。クラフシックは、それまで信じられていた「生産性は規模の経済と先進的な技術を通じて生まれるもの（堅牢な生産システム）」という神話を破壊し、（トヨタのような）在庫が少なく、バッファがわずかで、単純な技術（脆弱な生産システム）を用いる工場が高い生産性と高品質を実現できると主張した。その際、クラフシックは「脆弱」という言葉はネガティブな印象を与えると考えて、効果的な生産システムを表す用語として「リーン（ぜい肉のない・やせた）」を提案したのである。

## 世界を変えた本

クラフシックがこの記事で示したアイデアは、クラフシック自身も参加した国際自動車プログラムの一環として発展させたものである。この研究プログラムはマサチューセッツ州ケンブリッジのMITを拠点にし、全世界から一流の研究者が参加していた。一九九〇年、そこでの研究にもとづいた書籍『The Machine that Changed the World(リーン生産方式が、世界の自動車産業をこう変える。:経済界)』が出版され、国際的なベストセラーになった。著者のジェームズ・P・ウォマック、ダニエル・T・ジョーンズ、ダニエル・ルースはリーン生産方式を包括的に描写した。長年にわたる研究の成果であり、トヨタがほかのライバルにはできなかった高い生産性と品質をどのようにして実現したかを示している。同書は、リーンには四つの中核となる原則があると説く。

1 チームワーク
2 コミュニケーション
3 リソースの有効利用とムダの排除
4 継続的な改善

ウォマックとジョーンズはそれ以降もリーンの発展に携わり続け、いくつもの記事や書籍を発表している。二人が一九九六年に発表した『Lean Thinking(リーン・シンキング:日経BP)』は、企業が「リーンである」ためには何をすればいいかという点にスポットを当てている。この本は、実装のしやすさに焦点を当てて次の新しい五原則を提案した。

1　最終顧客の視点から価値を決める
2　価値の流れを理解し、価値をもたらさないステップのすべてをなくす
3　顧客までの製品のフローを円滑にするために、価値を生む残りのステップの流れをよくする
4　フローが確立したら、顧客のリクエストを起点に、下流から上流工程へと価値の流れを動かしていく（訳注：第五章で紹介されたプル方式のことで、ここでの顧客は製品を購入する最終顧客（外部顧客）だけでなく価値提供プロセスを構成する内部サプライヤー（内部顧客）も指す。プル方式では外部顧客のニーズを起点に価値提供プロセスの下流から上流に向かって情報を流すことでニーズに即さないムダを減らすことができると考えられている）
5　ステップ1からステップ4までが終わったら、プロセスを最初から繰り返し、ムダのない完全な価値をつくり出す完璧な状態になるまで続ける

これらの原則を実践することで、企業は業務を〝リーン化〟し、プロセスのフローを高めることができるとされた。『The Machine that Changed the World』と『Lean Thinking』の二冊が世界的なベストセラーとなり、リーンという考え方の発展と普及に大いに貢献した。

## トヨタの能力に注目した藤本

一九九〇年代に出版されたトヨタ関連の書籍は比較的少なかった。しかし例外的な一冊がある。一九九九年に出版された藤本隆宏著『The Evolution of a Manufacturing System at Toyota』が日本で多くの関心を集めたのだ。藤本はトヨタの生産方式の発展史を描写し、数多くの抽象的な現象を扱った。藤本は、トヨタは三つの能力レベルを発展させたと説く。

- レベル1——ルーチン化された製造能力
- レベル2——ルーチン化された学習能力（カイゼン能力）
- レベル3——進化能力（能力を育む能力）

そのうえで藤本は、トヨタが成功できたのは、どんな困難や障害に直面してもつねに発展を続ける能力をもっていたからだと主張した。

## トヨタのDNAの解読

藤本の本が出たのとちょうど同じころ、研究者のスティーブン・スピアとH・ケント・ボーウェンが『ハーバード・ビジネス・レビュー』で「Decoding the DNA of the Toyota Production System（トヨタ生産方式のDNAを解読する）」というタイトルの記事を発表した。この記事をきっかけに、西側諸国におけるTPSへの関心が再び高まった。著者の二人はTPSに浸透する暗黙の知識を解読するために、長年トヨタの生産方式を研究して、その成果を記事にまとめたのだった。研究の成果は、プロセスとプロセス内のアクティビティのデザイン、運用、および改良のための四つのルールとしてまとめられた。

1 すべての作業は、内容、順序、タイミング、結果の点で極めて具体的でなければならない

2 顧客とサプライヤーは例外なく直接つながっていなければならず、要求を送ったり、応答を受け取ったりする際には誤解しようのない「イエス」か「ノー」を用いる

3　すべての製品とサービスの経路は単純で直接でなければならない
4　ありとあらゆる改善は、科学的手法を用いて、指導者の指揮の下、組織内の可能な限り低い階層で行われなければならない

この記事は、このトピックに関して最も頻繁に引用される記事の一つになった。トヨタが組織の改善についてどう考えているかを、わかりやすく簡潔に説明することに成功した数少ない試みの一つだと言える。

## トヨタが自ら編纂したトヨタウェイ

二〇〇一年、トヨタは『トヨタウェイ』というタイトルで社内報を発行した。トヨタの基本的価値観を明らかにしたこの冊子はさまざまな言語に翻訳され、多国籍企業内での見解の一致

を広めるために全社に配布された。『トヨタウェイ』は、「知恵と改善」と「人間性尊重」の二つの領域に属する五つの基本的価値観で構成されている。

**知恵と改善**

- チャレンジ ―― 夢の実現に向けて、ビジョンを掲げ、勇気と想像力をもって挑戦する。
- 改善 ―― つねに進化、革新を追求し、絶え間なく改善に取り組む。
- 現地現物 ―― 現地現物で本質を見極め、素早く合意、決断し、全力で実行する。

**人間性尊重**

- リスペクト ―― 他を尊重し、誠実に相互理解に努め、お互いの責任を果たす。
- チームワーク ― 人材を育成し、個の力を結集する。

『トヨタウェイ』はわずか一六ページでしかない。価値観のそれぞれに、従業員の証言が付されている。この冊子は、トヨタの外部に公表されたことはなく、今も社内だけでトヨタの生産哲学マニュアルとして利用されている。トヨタの本質的な価値観が『トヨタウェイ』に集約されている。

# ライカーの『ザ・トヨタウェイ』

二〇〇〇年代初頭、トヨタとTPSに関する書籍が西側諸国のベストセラーリストに上ることはなかった。しかし、トヨタが世界最大の自動車メーカーになったことをきっかけに様子は一変した。二〇〇四年、ジェフリー・K・ライカーが『The Toyota Way（ザ・トヨタウェイ：日経BP）』という本を出す。この本が人気を集め、製造分野だけでなくサービス業でも盛んに読まれた。アメリカのトヨタで長年研究した者として、ライカーはトヨタ哲学の自分なりの解釈を本書にまとめたのだった。ライカーのトヨタウェイには一四の原則が含まれる。

## Ⅰ　長期哲学

1　短期的な財務目標を犠牲にしてでも、長期哲学にもとづいて経営上の意志決定を行う

## II　正しいプロセスが正しい結果をもたらす

2　継続的なプロセスフローをつくって、問題を表面化させる

3　つくりすぎをなくすために〝プル〟方式を用いる

4　仕事量を一定にする

5　手直しが必要なときには、品質を即座に正すためにプロセスを停止する

6　継続的な改善と従業員の強化のためにタスクとプロセスを標準化する

7　問題が隠れるのを防ぐために視覚的な監視を行う

8　従業員とプロセスに貢献できる、十分にテストされた信頼性の高い技術のみを用いる

## III　人材とパートナーを育てる

9　仕事を完全に理解し、哲学を体現し、それを人に教えることができるリーダーを育てる

10　会社の哲学に従う卓越した人とチームを育てる

11　課題を突きつけて成長を手助けすることで、パートナーとサプライヤーを尊重する

## IV　根本的な問題を継続的に解決して組織学習を促す

12　状況を完全に理解するために、現場に行って自分の目で見る

13　時間をかけて合意の上で決断を行い、決断を迅速に実行に移す
14　徹底的な熟慮と絶え間ない改善を通じて学習する組織になる

## リーン旋風！

ＴＰＳに関する書籍が発表されるのと並行して、リーンは発展を続けてきた。トヨタと大いに関係しているのは確かだが、学者も実務家も、リーンをトヨタ関連書とは切り離された独自の概念として育ててきた。

もとは製造業で開発されたのではあるが、仕入れ、製品開発、ロジスティクス、サービス、セールス、会計など、ほかの分野や環境や業種にも応用されている。銀行や保険、小売り、コンサルティング、メディアとエンターテインメント、医療、薬品、通信、ＩＴなどの業界にも浸透している。

- Lean accounting
- Lean acres
- Lean agile
- Lean and green
- Lean banking
- Lean business schools
- Lean culture
- Lean design
- Lean doctors
- Lean education
- Lean enterprise
- Lean healthcare
- Lean hospitals
- Lean IT
- Lean labour
- Lean leadership
- Lean library
- Lean manufacturing
- Lean management
- Lean marketing
- Lean ministry
- Lean office
- Lean problem solving
- Lean product development Lean thinking company
- Lean publishing
- Lean R&D
- Lean revolution
- Lean selling
- Lean service
- Lean six sigma
- Lean software
- Lean start-up
- Lean supply chain
- Lean sustainability
- Lean system engineers
- Lean transformation
- Lean training games

トヨタとリーンへの関心の強さを反映して、数え切れないほどの書籍や記事が書かれてきた。二〇一四年に出版された、タイトルに〝Lean（リーン）〟を含むビジネス書をアマゾンで検索すると、一〇〇を超えるタイトルがヒットする。

書籍のタイトルにおける「Lean」の使われ方をひとことで表現するなら、こうなるだろう。「リーン旋風が世界を襲った！」。突然、何もかもがリーンになってしまった。あっという間に、これも、それも、あれもリーンになった！

あまりにもたくさんの本が出ているので、何がリーンで何がリーンでないのか、よくわからない。リーンのことを哲学や文化、あるいは原則などのような抽象的な概念として説明する本があるかと思えば、働き方、方法、ツール、あるいはテクニックなど、もっと具体的なものとしてリーンを扱う本もある。誰からも受け入れられている共通の定義は一つも存在しない。今も発展を続ける一つの概念が異なるものを指すというちぐはぐな状態が続いているのだから、実務家や学者にとっては困った問題だ。

# 第七章

# リーンではないもの

リーンには、それを定義しようとする人の数と同じぐらい多くの定義がある。それらの大半は、トヨタの外側で生まれ育ったものだ。トヨタについて書いた本にも、さまざまな種類のものがたくさん存在する。それらから学ぶことは多いが、リーンの定義が一貫していないことは特筆に値する。

本章では、ちぐはぐなリーンの定義にまつわる三つの問題について論じる。一つ目の問題は、さまざまな抽象度で定義が行われていること。二つ目は、リーンが目的ではなく手段になっていること。そして三つ目は、リーンはとにかくいいものなので、いいものは何でもリーンとみなされるようになったことだ。

# 問題1

## ――さまざまな抽象度でリーンの定義が行われている

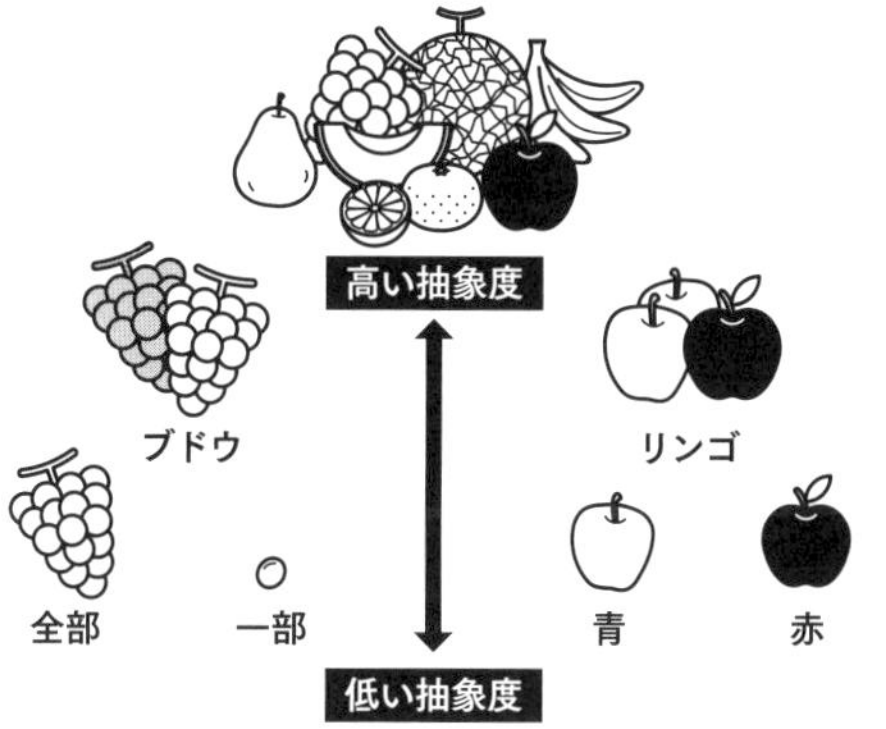


あなたは今、フルーツが食べたい？　ブドウがいい？　それとも青リンゴ？　この問いに答えるのは簡単ではない。答えの選択肢が、抽象度という点で違うレベルに属しているからだ。抽象度がいちばん高いのはフルーツだ。フルーツには三つの選択肢のすべてが包括されている。ブドウはフルーツであり、同時に定義上はフルーツの種類（ブドウ）に相当する。そのため、第二の抽象度だとみなせる。青リンゴは抽象度がいちばん低い。種類（リンゴ）という点でも、色（青）の観点でも定義されているからだ。抽象度が高ければ高いほど、定義が漠然とする。抽象度が低いと、定義が具体的になる。「フルーツが一切れほしい」は

「青リンゴが一切れほしい」よりもはるかに曖昧だ。抽象度の違いの問題は前ページの図のように表せるだろう。

## フルーツから青リンゴまで、何でもリーン

リーンに関する文献は、抽象度をすべてごちゃ混ぜにして、リーンをフルーツから青リンゴまでのあらゆるものとして扱っている。そのような混乱が実際の現場でも生じていることが、私たちが実施したアンケートで明らかになった。アンケートには一四種の業界に属し、リーンのコンセプトのもとで働いた経験が豊かな六三人が回答した。アンケートの最初の質問は「リーンとは何?」。得られた回答は、一七のカテゴリーあるいは定義に分けることができた。

---

- 働き方
- 品質システム
- 理解の方式
- 哲学
- 生き方
- マインドセット
- 改善へのアプローチ
- メソッド
- 価値
- アプローチ
- 生産方式
- 経営方式
- システム思考
- 戦略
- ツールボックス
- 文化
- 無駄の排除

このようにたくさんの定義が存在するという事実が、リーンがさまざまな抽象度で定義されていることの明らかな証拠だ。これらの定義を抽象度ごとに分類するには、次の三つのレベルを区別しておく必要がある。

- フルーツレベル（哲学、文化、価値、生き方、考え方としてのリーン）
- リンゴレベル（改善法、品質システム、生産方式としてのリーン）
- 青リンゴレベル（メソッド、ツール、無駄の排除としてのリーン）

## 青リンゴ（メソッド、ツール）としてのリーン

リーンについて書く者の大半は、リーンを青リンゴとして、つまりいちばん低い抽象度で定義している。もちろんリーンの基本原則はこれまで何度も描写も説明もされてきたのだが、回答者の大半がトヨタが開発したメソッドやツールばかりに目を向けている。目に見えるものは具体的でわかりやすいので、メソッドやツールを描写するのは自然なことだ。トヨタがやっていることを見て、そのメソッドを描写する。トヨタがもっているものを見て、従業員が使っているツールを描写する。

トヨタが開発したメソッドのたった一つを取り上げて、それをリーンと呼ぶ人もいるぐらいだ。

「このメソッドを取り入れれば、あなたの会社はリーンになります！」

ほかの人はトヨタが開発したツールのすべてを特定して描写しようとする。そんな人はリーンを〝ツールボックス〟とみなす。

「これらツールのセットを用いれば、あなたの会社はリーンになります！」

リーンを単純にメソッドあるいはツールとして定義することの問題点は、リーンは特定の文脈や環境のみで有効なものとみなされる傾向が強くなることだ。トヨタは自動車の大規模製造という枠内でメソッドとツールを開発してきた。つまり、特定の文脈および環境のためにツールとメソッドをデザインしてきたということで、それらがほかの文脈でも有効だとは限らない。しかしそう考えると、メソッドとツールが有効な範囲を狭めてしまうリスクが生じる。

リーンを低レベルの抽象度で定義すると、リーンの本質を誤解してしまう恐れがある。その誤解にもとづいて、リーンの適用範囲を制限してしまうことになるだろう。

## ブドウをリンゴとして育てるサービス業

リーンを青リンゴとして、つまりトヨタが開発したメソッドとツールとして定義すると、ほかの業種や分野に応用するときに適用範囲を制限してしまうことになる。過去一〇年ほどで、サービス業者が効率を高めるためにリーンに関心を示すようになった。今では、リーンの考え方が民間でも公共でも比較的広く普及しつつある。

多くの組織が、トヨタが開発したメソッドとツールを用いて、リーンの道を歩みはじめた。しかし、そのような組織はリーンについて深く考えることをせず、ツールの使用の裏に潜む〝なぜ〟を無視する傾向が強い。リーンの深さを完全に理解するには時間がかかる。リーンはメソッドやツールよりももっと抽象的なものだからだ。具体的なものから始めるほうがよほど簡単なので、メソッドとツールばかりに注目が集まる。

ツールとメソッドを独自のサービス環境に合わせて応用あるいは修正するには柔軟性や多様性が必要になるが、多くの組織はその能力があるようだ。その一方で、うまく応用できなくて、リーンを放棄した組織もある。応用するのが難しいことがわかると、組織はリーンの有効性を疑うようになる。例えばこうだ。

「私たち病院の仕事は人を相手にしている。車ではない。患者を大量生産するわけではない」

「我々のサービスは顧客第一で特殊な状況に向けられたものなのだから、働き方を標準化することなどできない」

このように反応する組織は、リーンは自分たちの役には立たないと結論づける。メソッドとツールが自分たちの環境でどう役に立つかを想像できないのである。

リーンが「青リンゴ」として目の前に突き出された場合、つまり、製造業だけに適した何かとして提示された場合、そのような反応が起こるのは当然だろう。ある概念は、狭い文脈で定義されると、その適用範囲も狭くなってしまう。おいしくて丸い青リンゴを育てる方法を知ることは、おいしくてきれいな形のブドウを育てる役に立つとは限らないのである。製品を効率的につくる方法を知ることは、サービスを効率的に行うことに役立つとは限らない。

要するに、リーンをさまざまな抽象度で定義すると、いくつかの問題が生じるのである。リーンの定義における抽象度が高ければ高いほど、定義そのものは漠然とする。抽象度が低ければ、定義が狭くなる。同じように、抽象度が高くなれば適用範囲が広くなるし、抽象度が低ければ適用範囲は狭くなる。低い抽象度でリーンを定義すると、リーンが生まれ育った環境の外ではメソッドやツールが必ずしも応用可能である必要はないということになる。誤った抽象度でリーンを定義することにより、リーンを放棄するリスクが高まるのである。

## 問題2
### ――リーンが目的ではなく手段になっている

スウェーデン人陸上選手のカロリナ・クリュフトは二〇〇八年、七種競技の女王として玉座に君臨したまま引退した。選手として負け知らずのままで。二〇〇一年七月から二〇〇七年の九月まで、クリュフトは世界選手権で三回、ヨーロッパ選手権で二回優勝し、オリンピックでは金メダルを勝ち取った。

強さの秘訣をきかれたとき、クリュフトは繰り返し、競争するのが「楽しい」からだと答えている。競い合うのはいつも楽しいと強調する。自分がたどり着きたいと願う先、つまり目的《ゴール》が大切で、ゴールにたどり着くための手段は二の次だ、と。

スポーツの例を続けるなら、手段の重視とは次のような考え方だ。

「このゴルフクラブを使えば、Xヤード以上ボールを飛ばせるだろう……」

「Yを食べれば、もっと速く走れるはず……」

「Zぐらい休めば、けがをしないで済むに違いない……」

手段は〝どうやって〟であり、目的は〝なぜ〟だ。目的ではなく手段にこだわることの問題は、手段と目的の結びつき方は人それぞれだという点にある。同じ手段を使ったところで、誰もが同じゴールにたどり着くとは限らないのだ。カロリナ・クリュフトと同じ道具を使って、同じ練習をしたとしても、彼女と同じように楽しめるとは限らない。目的に焦点を向けると柔軟性が生まれ、手段にこだわると制限が生じる。

リーンという考え方に対しても、同じ問題が見受けられる。手段と目的が混同されているのだ。トヨタの価値観、原則、メソッド、あるいはツールを定義したり強調したりすることを通じて、同社の仕事の〝どうやって〟に強い関心が向けられている。しかしメソッドやツールなどは、ある種の変化を引き起こしたり、ゴールにたどり着いたりするためのさまざまな手段だ。ところが、トヨタが〝どんな手段〟を使っているかばかりに注目し、〝なぜ〟そうなのか、つまりトヨタ哲学の裏に隠れる目的を考えも理解もしなければ、問題が生じる。

リーンをメソッドと定義するなら、そのメソッドを使うことが目的になってしまう。例えば、トヨタでは標準化がメソッドとして頻繁に用いられる。しかし、このメソッドが目的を達成するための手段ではなく、ゴールとみなされるのは問題だ。標準化の目的の一つは、継続的な改善の基礎をなすこと。改善するために、会社は改善の土台が必要だ。土台がなければ、何も良くなりようがない。

手段と目的を混同すると、組織はプロセスに変化をもたらす理由、つまり〝なぜ〟を見失う恐れが強くなる。そして、利用される特定の手段を必要以上に重視してしまう。そんな組織が「リーンを応用しているか」と尋ねられると、自慢げにこう答えるのだ。

「もちろんですとも！　すべての部署に見える化ボードを設置して、毎朝のミーティングの時間にそれを集めるんです」

手段が目的になった事例だ。特定のツールやメソッドを実装したからというだけの理由で、組織は自らのことを「リーン」とみなし、ツールやメソッドの裏にある目的――なぜ見える化ボードが必要なのか？――を見失う。

残念ながら、トヨタといえばそのようなメソッドが連想されることがあまりにも多いため、トヨタのように考えたり行動したりすることが目的になってしまっているのだ。しかし、トヨタがやっていることはトヨタの置かれた環境と結びついているという事実を忘れてはならない。おいしくて形のよいブドウを育てたいとき、必ずしも、おいしくて見た目もきれいな青リンゴを育てる方法を知る必要はないのである。

## 問題3
### ――リーンはとにかくいいもので、いいものは何でもリーン

では、手段と目的を混同している組織は、いったい何を目的にしてリーンを用いた仕事をしているのだろうか？　本章で紹介したアンケート調査には次の質問が含まれていた。「あなたの組織はなぜリーンを取り入れたのですか？」。六三人の回答者は、左のような四五の異なる答えを挙げた。

- 共通のアプローチをつくる
- 共通の働き方をつくる
- 社風をつくる
- 学習する組織をつくる
- 働き方を標準化する
- 普遍的なソリューションをつくる
- 管理者のコミットメントを生む
- 継続的な改善をもたらす
- 協調の効率をよくする
- 個人に対する尊重を育む
- 個人レベルの責任感を育む
- 安定を生む
- 刺激的な仕事をつくる
- チームワークを育む
- 長期戦略を練る
- コストを減らす
- 納期を短縮する
- 在庫を減らす
- リードタイムを短縮する
- ミスや問題を減らす
- 無駄を減らす
- 従業員を育てる
- リーダーを育てる
- 時間を節約する
- キャッシュフローを改善する
- 清潔さを高める
- 協調を高める
- コミットメントを高める
- 競争力を高める
- 管理体制を改善する
- 顧客の満足度を高める
- 納品精度を高める
- 従業員の満足度を高める
- 柔軟性を高める
- 成長を促す
- 情報の伝達を改善する
- リーダーシップを育てる
- モチベーションを高める
- 生産を増やす
- 生産性を高める
- 収益性を改善する
- 品質を高める
- 売上を増やす
- サービスを向上する
- 職場環境を改善する

どの企業も、これらの目標のすべてを達成したいと願うに違いない。ここに挙げた答えはどれも、組織のタイプには関係なく、想定できるあらゆるポジティブな結果だと言える。このような回答がなされるのは珍しいことではない。研究者や実務家の多くが、リーンを万能のソリューションとみなしている。しかし、もしリーンがすべての問題に対する解決策であるのなら、リーンではないものとは何だろう？　リーンとはとにかくいいもので、いいものがすべてリーンであるのなら、ほかの方式はどうなるのだろうか？　リーンですべての問題を解消できるのなら、ほかのやり方は必要だろうか？

知識を増やすために、研究者は理論を発展させる。理論は人が生きる世界を説明し、予測する試みだと言える。しかし理論とは、誤っている場合には間違いが証明されうる形で構築されていなければ役に立たない。ほかの選択肢が存在しなければ、理論は理論でなくなる。ところが、学者も実務家も反証のできない形でリーンを定義している。例えば、先述の恩恵リストを見て、そんなものいらないと言う者がいるだろうか？

現在のリーンの定義が抱える問題は、それが理論ではなく、自明の理として扱われていることだ。この点は、私たちが成功している組織のビジネスの運営方法から導き出す結論にも同じことが言える。自明の理なのだから、知識を増やすことに意味はない。ある刑事が殺人犯について尋ねられたので、こう答えたと想像してみよう。

「殺人犯は人間であることがわかった。その人物には頭と心臓が一つずつあって、ときどき食べたり飲んだりしなければ死んでしまう」

そのような答えは自明の理であってわかりきったことだ。その線で捜査することに何の意味もない。捜査を続けても、容疑者の一人として疑いが晴れることがないのだから。この刑事の結論は反証のしようがない。容疑者を逮捕できる可能性が増えるわけでもない。しかし、答えが変われば、その価値も変わる。

「殺人犯は男だ。肩まで伸びた髪はセンター分けで、左耳には金のピアスをしている。ダミ声でニューヨークのグリニッジ・ヴィレッジにあるカフェ・ファの常連だ」

このような結論は当たり前のことではないので、捜査にとって価値がある。容疑者は女性ではないし、短髪でもないということがわかる。ある結論は、対立するほかの論理的な選択肢が存在するとき初めて価値をもつ。分かれ道には必ず最低二本の進める道がなければならない。ある結論を下すことで正しい道を選ぶ可能性が増える場合、その結論には価値がある。男それとも女？　男だ。長髪それとも短髪？　長髪だ。分かれ道がなければ、結論は自明の理であり、価値を生まない。

次の声明文を見てみよう。三つの多国籍企業の年次報告から抜粋した文章だ。

- 弊社の新しい経営戦略は継続的な改善の実現を目標にしている
- 個人の尊重が我々の中心的価値である
- 我々は顧客志向を強める意向である

これらの戦略はどのような分かれ道から派生したのだろうか？　彼らはどの道を選んだ？　自明の理を避けるためにも、リーンが何のために存在しているのか、何のためではないのか、はっきりと理解することが大切だ。リーンの助けを借りてどのゴールを目指せばいいのだろうか？　どのゴールを目指すべきではないのだろう？　リーンはとにかくいいもので、いいものは何でもリーンだ、というわけではない。リーンとは、分かれ道に立つ選択肢なのである。

# 第八章

# 効率性のマトリックス

数え切れないほどの本がリーンとＴＰＳについて多くの情報を提供している。しかし、リーンという用語の定義も使い方もバラバラなので、本当のところリーンとは何かという点で、むしろ混乱が広がっている。

そのような状況に光を当てるために、本章ではリーンの定義の基礎となる新しいフレームワークを紹介する。私たちはそれを効率性マトリックスと呼んでいる。本章で効率性マトリックスとは何かを説明し、組織がマトリックスのなかで選べるさまざまな立場を決める要素や、マトリックス内での組織の動きを特徴付ける要素を明らかにする。

# 効率性マトリックス

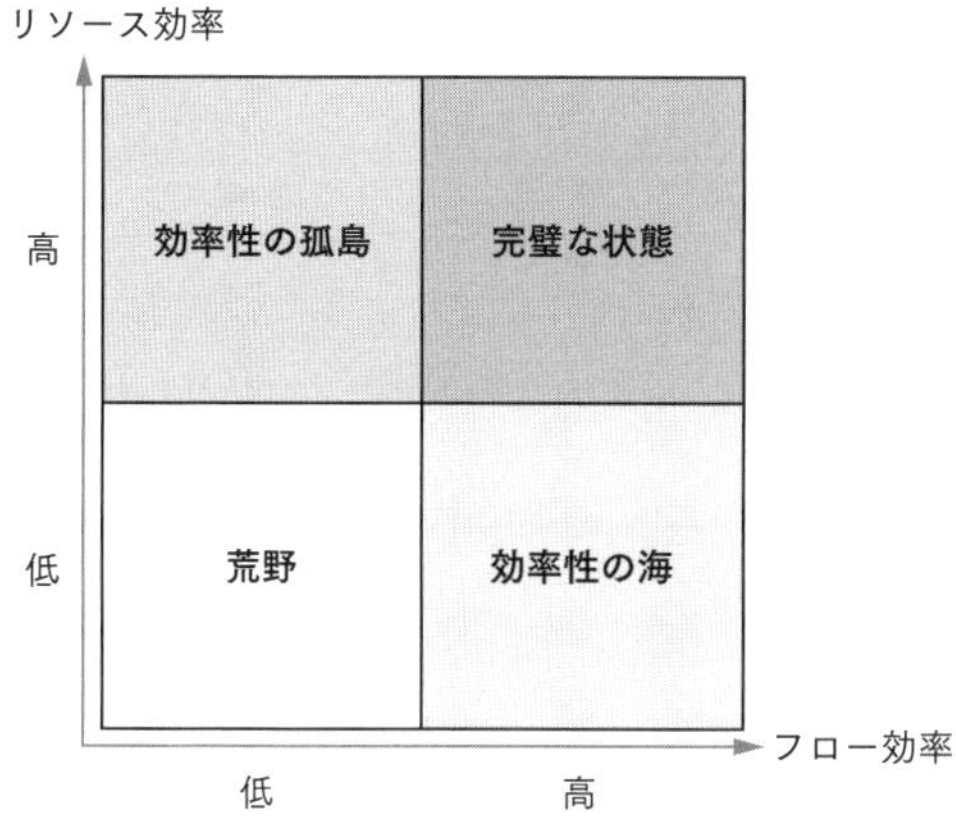


リーンの定義の多くは低い抽象度で行われている。第七章の果物の例で言うなら、青リンゴのレベルだ。現在、異なる業界に属するさまざまな組織がリーンを採用しようとしている。したがって、大規模製造以外の分野でも応用できるようにするために、十分高い抽象度でリーンを定義しなければならない。つまり、フルーツレベルでの定義が必要なのだ。そのような定義を行うための最初のステップとして、「効率性マトリックス」という新しいフレームワークを紹介したい。

効率性マトリックスは本書の前半で紹介した二種類の効率性にもとづいていて、組織は（a）リソース効率の高低、および（b）フロー効率の高低を基準に分類できることを示している。前ページのマトリックスを見ればわかるように、どの組織も四つの状況のどこかに属している。

## 効率性の孤島

マトリックスの左上の領域を、私たちは「効率性の孤島」と呼んでいる。ここはリソース効率が高くて、フロー効率が低い。この組織は部分最適化され孤立した部署で構成されていて、どの部署も自らのリソース効率を最大にすることを目指している。自部署のリソースを効率的に使うことを通じて、各部署は製品やサービスのコストの低下に貢献する。しかしながら、リソース効率の最適化はフロー効率の低下という犠牲を生む。個々のフローユニットのフロー効率が低くなる。製造業の場合、部品あるいは製品がほとんどの時間で在庫として存在しているような状態だ。サービス業では、顧客が何の価値も得ないまま待ち時間を我慢しているときが代表例だろう。

## 効率性の海

私たちはマトリックスの右下の領域を「効率性の海」と呼んでいる。フロー効率は高いが、リソース効率は低い。ここでのフォーカスは顧客に向けられていて、彼らのニーズをできるだけ効率的に満たすことに重点が置かれる。フロー効率を最高にするために、リソースに余裕がなければならない。リソースの効率的な使用を犠牲にすることで、フローが効率的になる。実際に満たすべきニーズが存在するときのみ、リソースが使われる。効率性の海をつくるにも、フローを生むのにも、全体像の深い理解が欠かせない。効率性の孤島で独立していてはならない。

## 荒野

リソースの使用もフローも効率的ではない組織はマトリックスの左下に属する。リソースを浪費しながら顧客にじゅうぶんな価値をもたらしていないのだから、明らかに望ましい状態ではない。そこには効率性の孤島も海もない。リソースを使うこともフローもうまくいっていない「荒野」だ。

## 完璧な状態

マトリックスの右上が「完璧な状態」。リソース効率もフロー効率も高い組織がこの領域を占める。完璧な状態を成し遂げるのが難しいことは、もう理解できただろう。それが難しい理由は第三章で説明したプロセスの原則が働くからだ。また第四章では効率性のパラドックスを用いて、難しくなる理由を論じた。完璧な状態を実現することの難しさの鍵は、変動《バリエーション》にある。

# 変動によりマトリックス内の位置が制限される

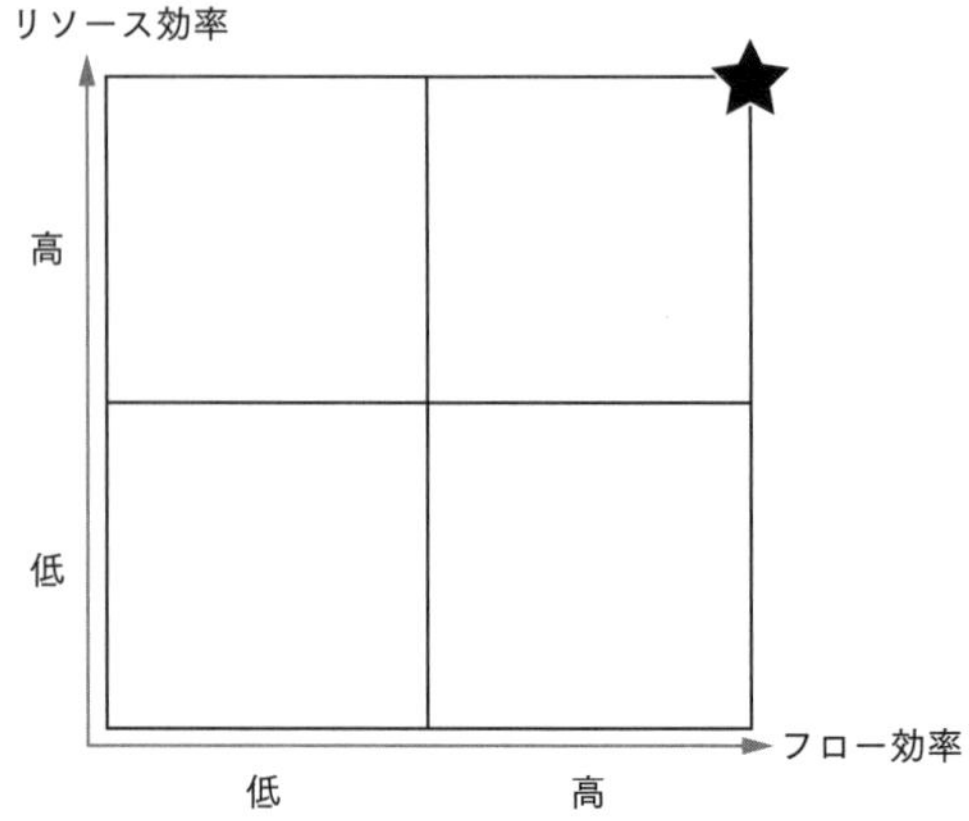


組織は、効率性のマトリックス内でさまざまな位置を占める。ある組織が効率性のマトリックスのどの領域に来るかを知るには、変動を理解し、それが組織にもたらす影響をわかっていなければならない。変動は、高いリソース効率と高いフロー効率を組み合わせる能力に影響する。変動の影響を理解するには、極端な例を見ればいい。例えば、リソースを一〇〇パーセントの効率で使いながら、同時に最適な形で顧客のニーズを満たす組織。そのような組織は、上の図が示すように「スター」とみなせるだろう。

スターは理論上この上なく完璧な状態で、目指すべき目標ではあるのだが、残念ながら、到達するのは不可能だ。スターになるには、組織は二つの要素を必要とする。一つ目は、顧客の今と未来のニーズに関するありとあらゆる情報への完全なアクセス。二つ目は、完全に柔軟で信頼できるリソース。しかもそのリソースは量的にも、機能や能力の点でも、あらゆるタイプのニーズに対応できるように簡単に調節できなければならない。それゆえに、ここでは需要（顧客のニーズ）と供給（組織のリソース）における変動が重要になるのである。

## 需要が変動すると組織はスターになれない

スターになるための最初の条件は、需要の完全な予測だ。次の項目を完璧に予測できなくてはならない。

- 〝何〟が求められているか
- 〝いつ〟求められているか
- 〝どのぐらい〟求められているか

残念なことに、需要のパターンを先読みするのはとんでもなく難しい。組織として、顧客が何を、いつ、どれぐらいの量を求めるのかを予測するのに時間とリソースとエネルギーを費やすことはできるが、〝完璧な〟予測を立てるのは不可能だと言える。顧客側の需要は変動するものだからだ。あなたには、自分が何を、いつ、どれぐらい必要とするか、前もって言えるだろうか？　ときにはできるかもしれないが、話が遠い未来になればなるほど、難しくなる。

## 供給が変動すると組織はスターになれない

たとえ完璧な予想を立てることができたとしても、スターになるには完全に柔軟で信頼できる供給も欠かせない。つまり、組織のリソースが二つの前提条件を満たしていなければならない。まず、リソースは完全に柔軟であること。あらゆるタイプの顧客のニーズを満たせるように、量、機能、能力の面で即座に適応できなければならない。次の点で完全に柔軟なリソースが必要になる。

- 〝何〟が供給されるのか
- 〝いつ〟供給されるのか
- 〝どのぐらい〟供給されるのか

しかし、完全に柔軟なリソースがあるだけではまだ足りない。供給は完全に信頼できるものでなくてはならない。組織は、製品がつくられたあとに、あるいはサービスが提供されたあとに、何が起こるか予想できなければならない。機械は故障してはならない。従業員はミスを犯したり、調子が悪い日があったりしてはならない。悪いサービスを提供したり、病気になったりすることも許されない。サプライヤーはつねに一〇〇パーセントの品質を納入する。ＩＴシステムがダウンすることも、コンピュータが都合の悪い瞬間にフリーズすることもあってはならない。あらゆる種類の不都合が排除されていなければならないのだ。

完全に柔軟で信頼できる供給が行えるとき、組織は一〇〇パーセントのリソース効率を達成できる。製品やサービスが〝何〟を、〝いつ〟、〝どのぐらい〟必要としているかにかかわりなく、どんな状況にも対応できてはじめて、その組織のリソースは完全に柔軟で信頼できると言える。当然ながら、供給を完全に柔軟で信頼できるものにするのは、リソースが人間である場合は不可能である。

## 変動のレベルが効率性の境界を決める

したがって、需要と供給における変動の度合いが、組織がどのオペレーション状態を実現できるかを決める。変動がスターになる可能性を制限するのだ。つまり、変動が「効率性の境

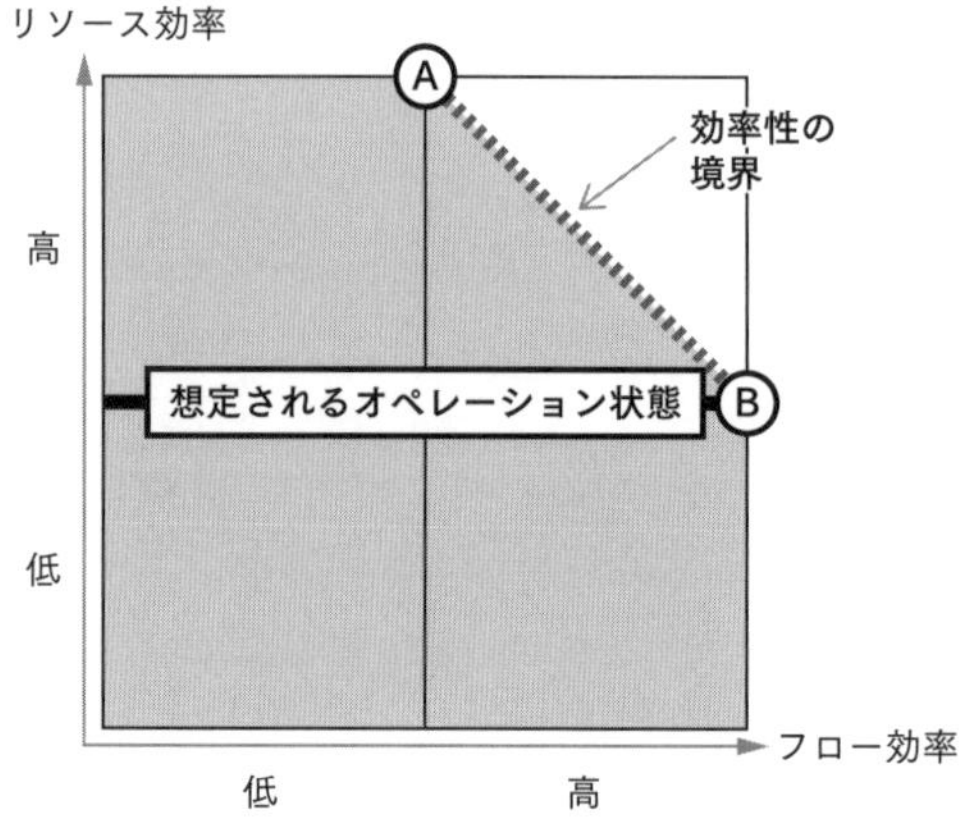


界」を形づくる。効率性の境界は上の図のように示せるだろう。

この図が示すように、変動が存在するがゆえに、組織が実現できるオペレーション状態が限られるのである。需要が完全には予測できなくて、しかも供給が完全に柔軟で信頼できるものでないのなら、リソース効率を高めて、それを高いフロー効率と組み合わせる能力が限られてしまう。ここで大切なのは、効率性の境界を越えたオペレーション状態を実現するのは不可能だ、という点を理解することだ。

もちろん、効率性の境界が強いる制限範囲の内側では、組織はさまざまなポジションを占めることができる。ポジションがどこになるかは、その組織がリソース効率を重視するか、それともフロー効率を優先するかによって決まる。それを表したのが図のA点とB点だ。

- Aに位置する組織は効率的なフローを犠牲にしてリソースを有効に使うことを優先する
- Bに位置する組織はリソースの有効利用を犠牲にして効率的なフローを優先する

この二つは極端な例だ。AとBを結ぶ効率性の境界のどこかに位置する組織もある。リソース効率とフロー効率をうまく組み合わせることを優先する組織が、AとBのあいだに来る。しかし境界上ではなく、灰色で示される領域のどこかに位置する組織のほうがはるかに多い。効率性の境界の内側に位置しているということは、改善の余地があるということだ。

変動の存在だけではなく、変動の度合いもまた、効率性マトリックスに大いに影響する。

（需要と供給における）変動が大きいほど、高いリソース効率と高いフロー効率を組み合わせるのは、つまり〝スターの位置に近づく〟のは難しくなる。次ページの図を見てみよう。

変動の度合いが増せば、効率性の境界が内側へ押し戻される。内側へ押し戻されるということは、大きな変動に向き合わなければならない組織のほうが、変動度が低い組織よりも、高いリソース効率と高いフロー効率を組み合わせるのが難しいということだ。

変動が増せば効率性の境界が内側に押しやられることを理解するのはとても大切である。次の二つの例のうち、どちらのほうが高リソース効率と高フロー効率の両立が簡単か考えてみよう。

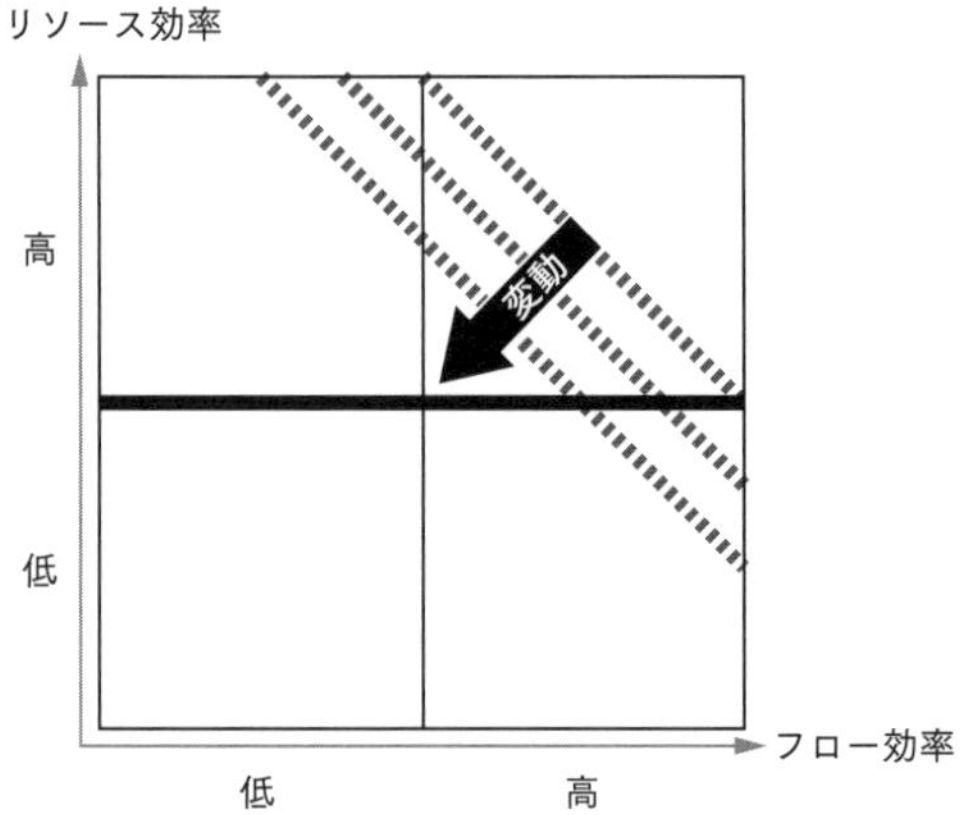


A　同じ製品を大量に生産する製造業者

B　病院の事故・救急班

この二つは極端な例なので、答えは明らかだろう（正解はA）。しかしここで肝心なのは、高いリソース効率を高いフロー効率と組み合わせるのが本質的にほかの企業よりも難しい組織が存在するという点だ。例えば、おもなフローユニットが人間であるため、高い変動率に対処しなければならない組織。多くのサービス業者がこの部類に含まれるだろう。人間こそ、避けるのが不可能ではないにしてもとても難しい変動要因だ。人を物質や情報と同じように標準化したりコントロールするのは不可能だからだ。しかしながら、どんな種類の組織でも、変動をなくしたり減らしたり、あるいは管理する能力を高めることはできる。

「需要の予測」と「柔軟で信頼できる供給」の二条件

を満たす能力を高めれば高めるほど、組織は完璧な状態のスターに近づくことができる。だからこそ、変動に対処する能力が欠かせない。変動の度合いによって効率性マトリックス内の位置が制限されるとはいえども、それでも組織は立ち位置を自ら選ぶべきだし、そうすることもできる。それを実現するのが、戦略の役目だ。

## マトリックス内での立ち位置を決めるのは戦略

リーンの定義の多くは、リーンを目的ではなく手段とみなしている。その結果、特定の行動が〝なぜ〟行われるのか、という重要な疑問がないがしろにされる。リーンを目的として定義するための土台をつくるには、戦略的選択の重要性を知っておかねばならない。組織は、効率性マトリックスのどこに陣取りたいかを選ぶことができる。ある位置がほかよりもいいとは限らない。

戦略の大切さを理解するには、まずビジネス戦略とオペレーション戦略の違いを明らかにする必要がある。簡単に言えば、組織がどのような顧客ニーズを満たすかを決めるのがビジネス戦略。一方のオペレーション戦略は、そのニーズを組織がどう満たすかを定義する。

## 〝What〟を定義するビジネス戦略

会社が顧客に提供する価値はビジネス戦略によって定められる。つまり、商品やサービスが消費されたときに顧客が受け取る価値は何かということ。最も高い抽象度（〝フルーツ〟のレベル）では、組織は差別化かコストのどちらかに焦点を当てることができる。ここで言う差別化には、よりよい体験の提供、よりおいしい食品、より迅速なサービス、選択幅の広い製品など、さまざまなことが含まれる。要するに差別化とは、顧客が「価値あり」と認めるあらゆるものだ。コストとは、顧客が自らのニーズを満たすために、現金、時間、あるいはエネルギーの形で払わなければならない代償のこと。

ビジネス戦略に関する文献では、差別化とコストの選択の重要さが基本的な考えとして論じられる。多くの場合で、これら二つの戦略目標のあいだにはトレードオフの関係があり、企業はどちらか一方を優先しなければ両者の板挟みになって身動きがとれなくなる。したがって、ビジネス戦略を練るとき、どれだけの差別化をどれほどのコストで顧客に提供するかを決めるのが重要になる。

ビジネス戦略の選択は組織が満たそうとするニーズの種類に左右される。肝心なのは、どの目標を優先すべきかを見定めて選ぶこと。その際、顧客は何に価値を見いだしているか、ライバルは何をしているか、自社の強みは何か、という点を考慮しなければならない。「業界で最高の顧客サービスを提供する」などがビジネス戦略として掲げられる目標の具体例だろう。

## 〝How〟を定義するオペレーション戦略

ビジネス戦略の実現をサポートし、価値を生み出す〝方法〟を決めるのがオペレーション戦略の役目になる。言葉にしているかしていないかにかかわりなく、どの組織もオペレーション戦略を有している。オペレーション戦略は「我々はどうやって価値をつくる？」に対する答えだ。この時点ですでに、組織は満たすべきニーズの種類もターゲット市場も定義しているはずである。ビジネス戦略とオペレーション戦略のあいだには明らかなつながりがなければならない。組織のビジネス戦略を定義した私たちは、いよいよオペレーション戦略の構想に取りかかることができる。

オペレーション戦略を通じて、組織は「ビジネス戦略にのっとって、どう製品やサービスをつくる？」、「どうやって高い質を提供する？」、あるいは「どうやって低コストを実現する？」

などといった重要な問いに答えられるようになる。オペレーション戦略はいくつかのオペレーション目標に分けられる。まず最高の抽象度、つまり「フルーツレベル」ではリソース効率とフロー効率がオペレーション目標になる。この二つが、さらにいくつかの下位目標に分けられる。

## 戦略とオペレーション状態

効率性マトリックス内の立ち位置を決める重要な要素が戦略である。戦略選びの影響を明らかにする前に、まず「荒野」と「完璧な状態」の二つの領域を振り返ってみよう。

その名が示すように、荒野は望ましい状態ではない。結局のところ、荒野にいる組織はリソースを無駄遣いしながら、顧客を幸せにもしていないのだから。とはいうものの、この状態は珍しいことではない。ルーチン、標準化、組織体制、協調性を欠き、とても受け身な姿勢でいつも予期しなかった問題の対処に追われている組織がこの領域に陥る。

荒野の対角にあるのが完璧な状態で、どの組織もそこに入ることを望むだろう。しかしすでに見たように、変動の度合いや変動に対する対応能力などによって、完璧な状態になれる可能性は制限される。

したがって、ある組織が効率性の孤島になるか、効率性の海に入るかは戦略によって左右されることになる。オペレーション状態の選択にとって、戦略がどれほど大切かを明らかにするために、次の例を見てみよう。

航空会社ライアンエアーのビジネスは低価格で飛行機を飛ばすこと。したがって、ビジネス戦略では、ほかのどの戦略目標よりもコストが優先される。このビジネス戦略はリソース効率を優先したオペレーション戦略に変換される。リソースは最大限に利用されなければならない。例えば、ライアンエアーは飛行機を他社よりもより多くのあいだ「空中に飛ばし続ける」。顧客は遠隔地にある地方空港で離着陸するので、どうしても待ち時間が、つまり非付加価値時間が長くなる。フロー効率を優先する代わりに、ライアンエアーはリソース効率を確保するというオペレーション目標に明らかに重点を置く。この点で、同社はとてもうまくやり遂げ、つねにリソース効率の改善を追い求める組織をつくりあげた。

高級ホテルはフロー効率を高めるという戦略に従うので、効率性の海に立ち位置を見つける。いつも顧客のニーズに注目し、顧客の得る価値を最大にしようと努めるため、フロー効率が高くなる。そのような高級ホテルでは、価値を付加するリソースがいつも余っている。

緊急かつ切実な、あるいは優先されるべきニーズを満たすことを活動内容とする組織にも同じことが言える。例えば消火活動に当たる消防隊は必要なときにできるだけ迅速に動けるように、リソースを待機させる余裕がなければならない。

## マトリックス内の移動

第七章で見たように、リーンの定義の多くが抱えている問題は、それらが自明の理で当たり前である、つまり論理的な対立軸をもっていない、という点だ。リーンを当たり前にしないための基礎を築く際、重要なのは組織が効率性マトリックスのなかを動くことの意義と意味を理解することである。

数多くの組織が、継続的な改善を行う体質を身につけたいと言う。しかし第七章での議論にもとづけば、この主張は自明の理だと言える。しかし、効率性マトリックスを用いることで、私たちはもっと具体的になれるのだ。継続的な改善が戦略だなどと主張する組織も、どの方向に改善するつもりなのか決断できるようになる。マトリックス内は二つの次元で移動が可能だ。

- リソース効率を上げるか下げる
- フロー効率を上げるか下げる

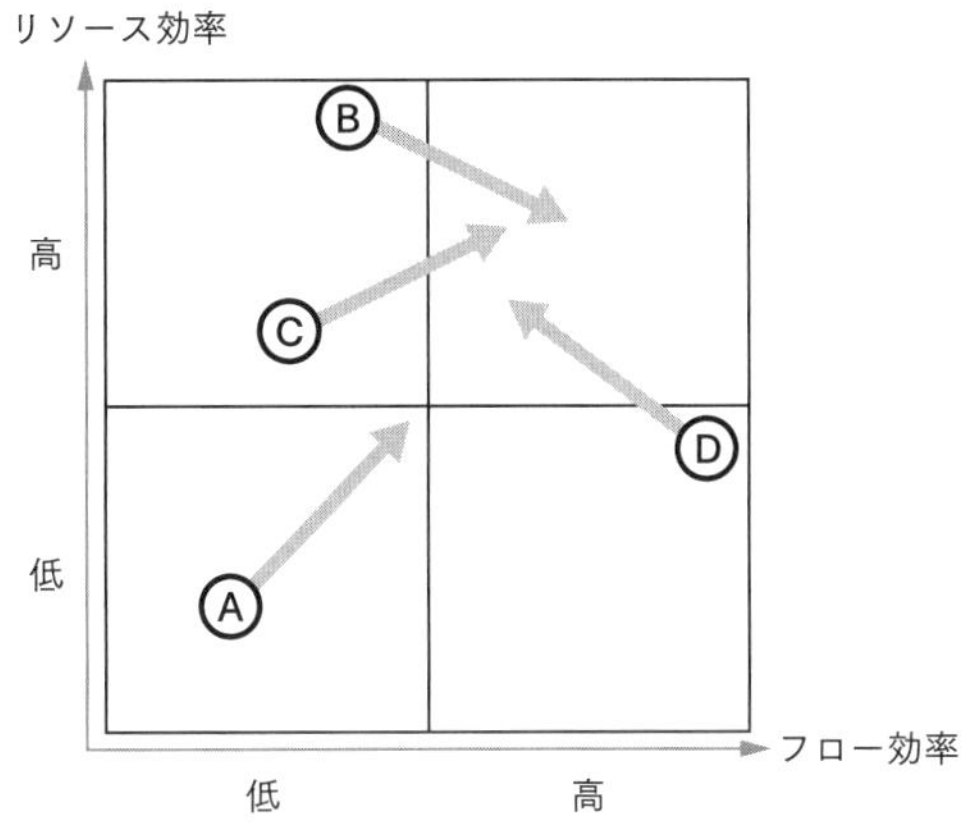


この二つの次元における移動の性質を明らかにするために、次に紹介する四つの架空の物語を見てみよう。そこで繰り広げられる動きは上の図のようになる。

## A スタートアップ企業

そのスタートアップ企業はインターネットを通じて女性用の衣服を販売していた。会社は急成長を遂げたが、顧客サービスを提供するのが難しくなってきた。同社はお決まりのルーチンも、標準化されたオペレーションも開発してこなかった。新しい顧客が増えるたびに、〝その都度対応する〟しかなかったのだ。さしたる組織化も行われていなかった。結果として、顧客が不満を漏らしはじめたのである。出荷に遅れが生じ、在庫切れも頻繁になった。それに品質にも繰り返し問題が生じはじめた。反復作業が多かったのに、数多くの問題が見落とされていた。

ある大手ベンチャーキャピタルがそのスタートアップ企業の株を買い、資金と知識を提供した結果、会社に構造と秩序がもたらされた。ルーチンが開発され、システムが確立し、標準化された作業手順が実装された。結果として、顧客サービスが劇的に改善し、従業員も火消し作業に追われることがなくなったのでストレスが減った。

図のA点が、この例のスタートアップ企業の移動を示している。同社は初めフロー効率が低く、顧客のニーズを満たせていなかった。加えて、多くの時間を余計な仕事に費やしていたので、リソース効率も低かった。ルーチンと標準作業手順を決めたことで、行われた仕事により多くの価値がもたらされ、リソース効率が上がった。加えて、フロー効率にも好影響があった。顧客が商品を受け取るまでの時間が短くなり、品質の問題も減ったのだ。

## B　バスルームの改修業者

そのバスルーム専門の改修業者はとても伝統的な方法を用いていた。改修は古いバスルームの解体から始める。それが終わったら、電気技師が新しい電気設備の配線などを行うのだが、忙しい彼が来るまで数日待つのが普通だった。電気技師が仕事を終えたら、改修業者が次の工程を終えるまでまた数日かかる。続けて、配管工が来るのをまた待たなければならない。そんなことがずっと続くので、改修の始めから終わりまで二カ月以上かかるのが当たり前で、その期間ずっと、顧客は別の場所でしのがなければならなかった。

ところがある日突然、オーナーの頭にある考えがひらめいた。もしかすると、顧客はもっと迅速な改修に特別料金を支払ってもいいと思っているかもしれない、と。そこで最初の変更点として、改修業者、電気技師、配管工などのさまざまな専門家のあいだの協調体制を整えることにした。加えて、計画を容易にするために、タスクの多くも標準化した。

そのような変化は初めのうち難しかったが、そのうち関係者の全員が、新しいやり方のほうが自分たちの活動が楽になることに気づいたのである。以前ほど、仕事から仕事へと駆け回ることがなくなったのだ。その結果、一つのバスルームを数週間で改修できるようになった。そのおかげで会社は料金を引き上げることもできた。

この会社のマトリックス内での動きを示しているのはB点だ。初めはリソース効率が高く、フロー効率が低かった。関係者の全員が懸命に働き、忙しく立ち回っていたが、顧客サービスはひどいものだった。タスクを標準化し、協調体制を整え、キャパシティに余裕をもたせたことで、リソース効率は下がったが、フロー効率を向上させることには成功したのである。おかげで顧客の満足度は高まり、一つの仕事を終えるまでの時間は短くなり、しかも料金を上げることも可能になったのだ。

## C 製造会社

その製造会社は業界のリーダーだったが、体質は旧態依然としていた。原材料から完成品までの道のりは、一つの工場の一端における加工から始まる。機械のセットアップに時間がかかるため、一回のバッチで二カ月分の製品をつくる。そのため、仕掛品の量は膨大だった。その後、製造中のアイテムは二つ目の工場へ運ばれ、第二、第三の工程をへて、最初の工場に運び戻され、そこで組み立てられる。

この会社は市場の変化に対応するために、大規模製造への変革を行うことにした。工場のレイアウトを変更し、製品の完成まで一つの場所で行う。統計を用いたプロセス管理を採用し、従業員は標準操作手順を覚え、仕事の質を高めた。一人の人間が一つの仕事だけをする階層的だった組織構造を、チームを中心にした組織に変えて、複数の仕事を担当できるように人々を教育した。チームには簡単な生産計画、仕入れ、保守なども実行する義務も負わせる。そのような変化が、いくつかのポジティブな影響をもたらした。まず品質が上がった。それに、三カ月だった製造のリードタイムが一週間にまで短縮したこともあり、総合的な生産性が上がった。何より重要なことに、収益が上がった。

図のC点がこの製造会社のマトリックス内の動きを示している。初めはリソース効率はそこそこ高かったが、顧客は製品が出荷されるまで長い時間を待つ必要があった（低フロー効率）。変更には、リソース効率とフロー効率の両方を高めることを目的として、さまざまな変動を減らすあるいはなくす試みが含まれていた。

## D　高級ホテル

その5つ星ホテルは最高のサービスが自慢だった。あらゆる種類の豪華設備、最高の料理、ほかに類を見ないサービスを提供していた。贅沢に慣れた宿泊客のあらゆる望みを叶えるために、いつでもスタッフが待機していた。顧客に最高の体験を、がモットーだ。しかし問題があった。ホテルは客室稼働率が低いうえにスタッフのコストが高いため、赤字が続いていたのだ。

新しくやってきたオーナーが数多くの変更をもたらした。ホテルは自らのポジショニングを見直し、ビジネス顧客をおもなターゲットに見据えて4つ星に格下げした。宿泊料金を下げ、スタッフの数を減らし、サービスの多くもやめることにした。その結果、客室稼働率が上がり、収益が改善した。

このホテルのマトリックス内の移動は、図のD点が示している。以前はフロー効率がとても高かったのだが、リソース効率は比較的低かった。収益性を上げるために、リソース効率を上げざるをえなかった。その決断により、顧客サービスには悪い影響が出た（フロー効率が下がった）。しかし、総合的に見れば収益に対してポジティブな効果があった。顧客サービスと料金の低下は、リソース効率の向上とコストの削減により十分すぎるほど埋め合わされたのだから。

## リーン2・0

効率性マトリックスは〝ブルーツレベル〟におけるリーンを理解するための土台を提供する。文脈に強く結びつけてリーンを理解する罠を避けるために、私たちはリーンをすべての組織に適応できるほど高い抽象度で定義する道を選んだ。この点は、公共セクターのサービス機関も含むさまざまな業界でリーンに対する関心が高まっていることを考えると、とても重要だ。

このマトリックスは戦略選びの大切さをはっきりと示している。組織は、マトリックス内でどの位置を占めるか、どう動くか、という二点で自ら選ぶことができる。マトリックス内の上にも下にも、右にも左にも動くことが可能だ。リソース効率を上げることも下げることも、フロー効率を上げることも下げることもできる。〝最高〟のソリューションは存在しない。すべては組織、組織が属する競争環境、顧客のニーズ、そして何よりビジネス戦略次第だ。さて、あなたの組織はどんな価値を提供したい？

# 第九章

# これがリーンだ！

効率性マトリックスを理解することで、私たちはフルーツレベルでリーンを定義できるようになる。本章ではマトリックスを利用しながらトヨタを例に、同社が日本における自動車販売という枠組みのなかでどのようにＴＰＳを実装してきたかを明らかにする。次に、マトリックスという想像上のレンズを通して例を眺めてみる。そうすることで、リーンを実用的に定義できるようになるはずだ。

ひとことで言うと、リーンとはリソース効率よりもフロー効率を優先するオペレーション戦略。言い換えるなら、リーンは効率性マトリックスの右上に向かって移動するための戦略なのである。

## 超高速車検

日本におけるトヨタのディーラー網はおよそ三〇〇の自動車販売会社で構成されている。この企業群が合計しておよそ五〇〇〇件の自動車販売店を運営していて、その大半は〝ワンストップショップ・アプローチ〟をとっている。同じ店舗で販売とサービスの両方を提供しているのだ。

一九九六年以来、トヨタはTPSをもとに、トヨタ・セールス・ロジスティクス（TSL）というサービスコンセプトの開発を続けてきた。トヨタ自らが所有している自動車販売会社はごくわずかでしかない。したがってTSLの目的は、TSLの開発と普及と実践を通じて、個別の企業のすべてにおける改善を補助し、促すことにある。TSLは、販売、流通、サービスなど、自動車販売店が必要とするすべてのプロセスを網羅している。その際、サービスの一つとして車検がある。

車検は、新車の場合は購入から三年後に、それ以後は二年ごとに行う決まりになっている。

目的は、当該の車が国の安全基準を満たしているかを確かめること。日本の車検はとりわけ厳しく、検査には三時間ほど必要だ。検査の結果によっては不可欠な、または推奨される調整が提案され、それを行うために部品の調節や交換が必要になることもある。

## リソース効率を重視した従来型のアプローチ

従来、車検の際にはディーラーの従業員が顧客の家を訪問して車を引き取り、検査後にまた返しに行くのが通例だった。しかしながら、検査を実際に行う技術者は仕事がたまっていたため、預かった車の検査を始めるまで、数日が過ぎることも珍しくなかった。そのため、駐車スペースが混雑した。日本は土地が少ないため、駐車スペースの混雑は数多くの問題を引き起こす。一日中たくさんの車を前へ後ろへと移動させなければならなかったし、そのせいで車が汚れたり、傷が付いたり、場合によっては故障したりすることもあった。

実際の検査は、一人の技術者が担当する。一台の車に携わる時間は三時間ほどだとしても、車検が終わるまでには数日かかるのが普通だった。技術者が一人で数台の車を並行して検査するからだ。何を検査するかは法律で決められていたが、順番ややり方については決まりがなかった。技術者それぞれが自分なりのやり方を用いていたのである。標準的な手順が存在しないので、検査過程を管理したり予測したりするのは難しい。そのため、計画を立てるのも容易ではなかった。さらに、技術者次第で検査の質も大きく異なった。それでも技術者は仕事が途切れなかったので、みんな懸命に働いた。

当時の車検は数多くの問題を抱えていた。情報の欠如、不要な作業、間違いやミス、設備や機器の待機時間、検査エリア内の技術者の移動、部品の過剰かつ不要な確保などだ。さらに、車の引き取りおよび納車サービスがディーラーのスタッフに時間と労力の多くを要求した。そのため、顧客は自分の車が戻ってくるまで一週間ほど待つのが普通だった。

## フロー効率を目指す新しいアプローチ

新しいやり方では、顧客が自分でディーラーのもとにやってきて、検査が終わるまでショールームで待っていられる形の車検を目指した。その結果生まれたのが四五分車検だ。

手順が標準化されて、個々の動きや作業の順番と時間が決められた。車検に必要なすべてのタスクが洗い出されて標準化された。すべてのタスクのために手順書とチャート図が作成され、その新しいチーム型のアプローチを習得するために、全員がトレーニングを受けた。個別作業員の知識と能力が、能力マトリックスの形で測られた。

新しいアプローチでは、一人の技術者が検査を行うのではなく、一人の検査官と二人の技術者がチームを組む。技術者の一人が車の左半分を、もう一人が右半分を担当し、検査官が進行を監督するのだ。検査エリア内で移動する必要をなくすために、レイアウトも刷新した。検査プロセスで最もやっかいなボトルネックを解消するために、特殊な装置——例えばオイル交換用の道具——も新たに開発した。さまざまな見える化ボードやシートも用いた。種々の活動状況やその結果を見やすくするためだ。

標準化と見える化のおかげで、誰もが何が行われているかをつねに把握できるようになる。また、何かが時間通りにあるいは正確に行われなかった場合、関係者の誰もがすぐに気づく。

この新しい車検方法はたくさんの利点をともなっていた。作業の観点から見た場合、スループット時間が一気に縮まった。店舗に駐車されている車の数は減ったし、部品の在庫も減らすことができた。車検時間が四五分に固定されたので、検査場の計画も立てやすくなった。店舗は使用するキャパシティと、いざというときのために確保しておくキャパシティのバランスを改善することもできた。おかげで技術者の仕事量が安定したのでストレスも減り、幹部は経営をコントロールしやすくなった。

顧客にしてみれば、新しいアプローチにより車検プロセスがはるかに迅速に、そして信頼できるものになった。何しろ以前は一週間ほどかかっていたのが、たった四五分になったのだから。また新しい車検プロセスでは、自分の車に対してどんな検査が行われているのか、顧客自身が間近で見られる。さまざまな作業やその結果について、正確な情報をすぐに受け取ることもできる。販売員は顧客とおしゃべりして、彼らとの関係を深めることが可能だ。計画しやすくなったので柔軟性も高まった。顧客に引き取り時間や車検スケジュールを柔軟に提案できるようになったし、顧客は短期的に車検を申し込んだりキャンセルしたりできるようになった。

## 超高速車検の効率性マトリックス

それでは効率性マトリックスを使って、車検がどう改善したのかを見ていこう。改善の効果は次ページの図のように示すことができる。

### A 〝認識上の〟スタート地点

従来型の車検はフロー効率が高くなかった。付加価値時間の合計は三時間に満たなかったのに、多くの顧客が一週間ほど車が戻ってくるのを待たなければならなかったからである。した

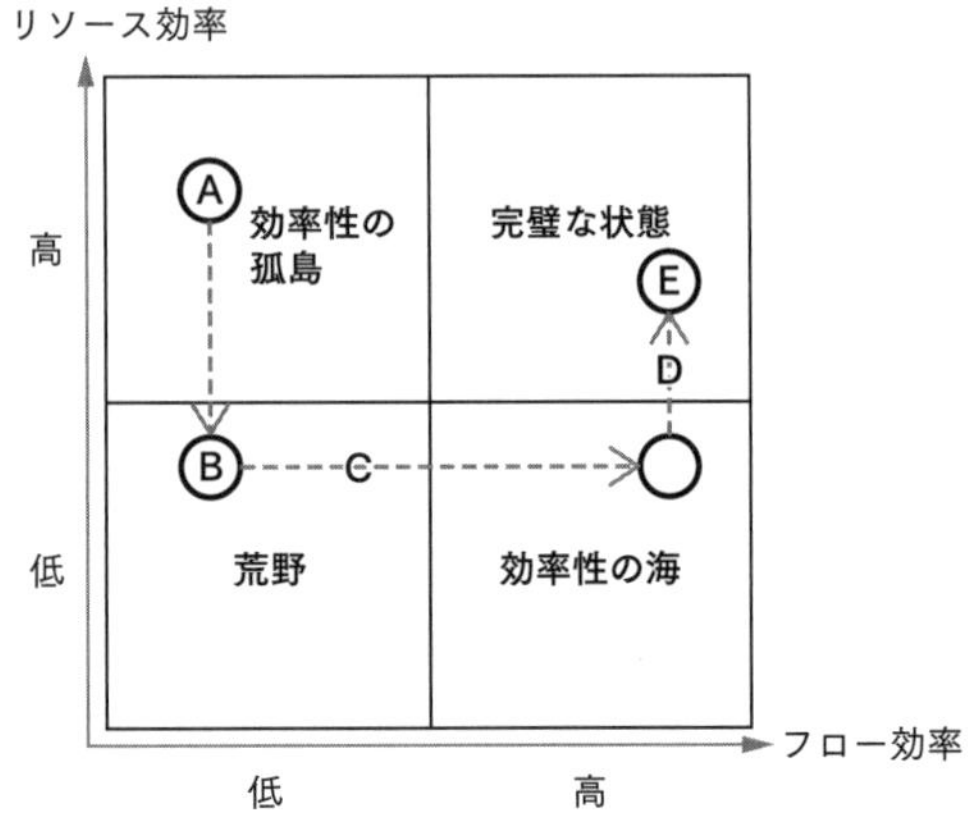


がって、フロー効率はかなり低いレベルにあったと言える。

スタッフはたくさんの車を相手にしていて、顧客の自宅まで行って引き取りや納車をしなければならなかったのでとても忙しかった。実際の作業場は車検中の車でいっぱいだった。同時に、技術者はリソース効率が高いと認識されていた。なぜなら、設備は使われていたし、みんなたくさんの残業をしながら必死に働いていたのだから。したがって、ディーラー側が認識していたスタート地点は図のA点だったと言える。フロー効率が低くて、リソース効率が高い。

## B 実際のスタート地点

実際のスタートはB点になる。リソースは考えられているほど有効には使われていなかった。行われている作業の多くは余計な仕事で、技術者はやらなくてもいいはずのことをやっていたし、スタッフは駐車スペースで車を移動させるのに忙しかった。車によって検査の時間がバラバラだったため、計画を立てるのも難しかった。

## C　フロー効率の向上

マトリックス内のCの矢印が、ディーラーの最初の動きを示している。この動きが意味しているのはフロー効率の向上。フロー効率が劇的によくなった最大の要因として、チームワーク、専用設備、標準化、そして見える化が挙げられる。付加価値アクティビティのスピードが増し、非付加価値アクティビティが排除された。結果、車検は早く終わり、顧客は店で待っているので、販売員がいつでも対応できるようになった。顧客はほしいものを、ほしいときに、短時間で得ることができる。どれもフロー効率が優れていることの証だ。

## D　リソース効率の向上

Dの矢印は、ディーラーがリソース効率を改善したことを示している。作業の標準化とルーチンの導入により、余計な仕事をなくすことができたと同時に、レイアウトを刷新し、専用設備を新たに開発したことで、リソース効率が向上した。手順の一本化のおかげで車検の計画が立てやすくなったことも、リソース効率の向上を後押しした。四五分のルーチン作業を一つの

〝ブロック〟とみなして、技術者のスケジュールを組むことができるようになった。したがって、ルーチンがフロー効率の向上をもたらし、さまざまなルーチンを組み合わせることでリソース効率が高まったと言える。

## E ゴール地点

最終的にたどり着いたのがE点だ。ここで興味深いのは、リソース効率が一〇〇パーセントに及ばないという事実だ。トヨタの戦略には、不測の事態に備えるために、手持ちのキャパシティに余裕をもたせることも含まれていた。

## U字型の改善

トヨタのディーラーにおける業務はU字型の改善を示している。旅の出発は北西の効率性の孤島だった。そこから南へ向かい、荒野の暗い谷間を通り抜けて東にある効率性の海を目指した。そして最後には北上し、日の光に包まれた心地よい場所にたどり着いたのである。私たちは、この改善パターンにリーンがもついくつかの重要な性質が現れていると考える。とどのつまり、「リーン」という用語のもとになったのはトヨタと、トヨタが導入したTPSなのだから。

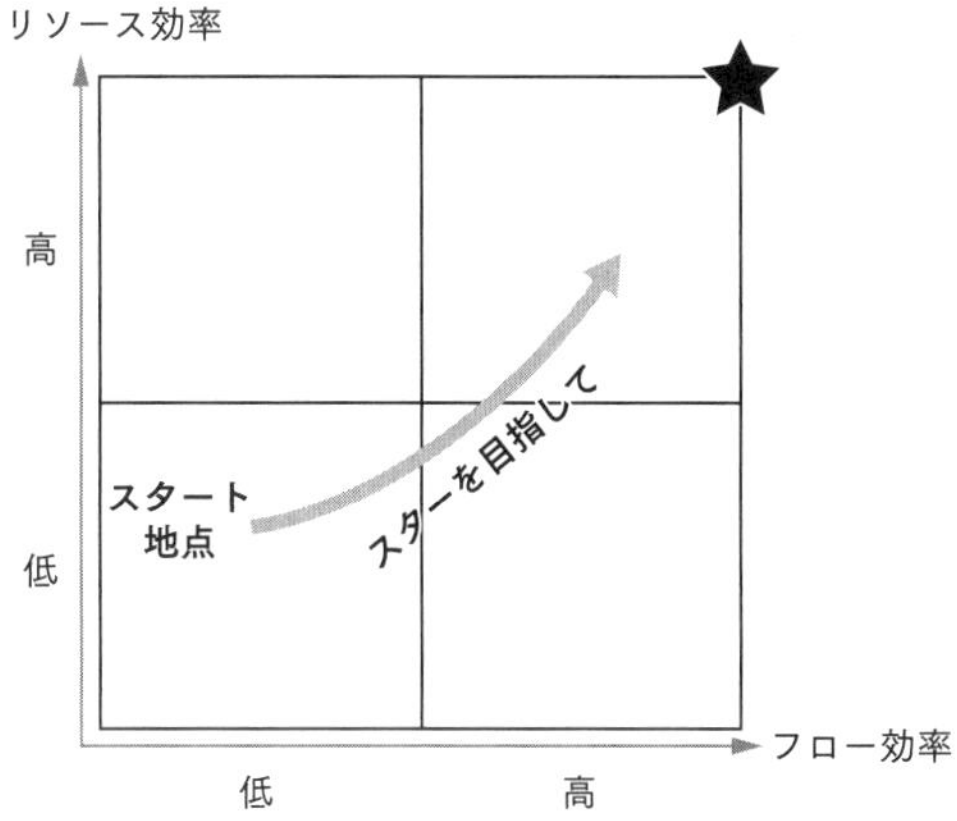


# リーンオペレーション戦略

私たちはリーンをオペレーション戦略とみなしている。リーンが、組織がどのようにして価値を生み出すか、という問いと関連しているからだ。ここで重要なのは、そのような戦略の名前は何でもよかったという点。「リーン」はただの単語に過ぎない。戦略をどう名付けるかはどうでもいいことだ。大切なのは、その戦略が（a）スターを目指すためのものであること、そして（b）上の図で示されているように、効率性マトリックスを右上に移動しながらスターに向かう動きを引き起こすものであること、の二点だ。

この図が示すように、リーン式のオペレーション戦略には、マトリックス内を右へ移動する、つまりフロー効率を高めるという要素が欠かせない。フロー効率とリソース効率の選択では、迷いなくフロー効率を優先する。トヨタ生産方式の父である大野耐一もフロー効率の重要性を認めていて、こう述べている。「私たちがやっていることといえば、顧客が注文した瞬間から私たちが現金を受け取るまでのタイムラインを見ることだけだ」。

フロー効率に集中することで、組織は余計な仕事や無駄の多くを減らすことができる。第四章で紹介した効率性のパラドックスを解消しやすくなる。無駄と余計な仕事が減れば、リソース効率が高まるので、組織はマトリックス内を上方向にも動けるようになる。つまり、フロー効率にこだわることで、リソース効率も高まるのである。

リーンオペレーション戦略は、リソース効率よりも先にフロー効率に力を入れる。その逆ではない。この点を絶対に見落としてはならない。最初にリソース効率に注目すると、効率的だが部分最適化された孤島をつくってしまうことが多い。孤島と孤島のあいだに余計な仕事や無駄が発生する。フロー効率に重点を置くということは、バラバラの孤島を一つのシステムに統合することを意味している。そして、この統合されたシステムがリソース効率を上げるための土台になるのである。リソース効率とはシステムとして改善するものであり、個別の島として引き上げるものではない。

すでに述べたように、完璧な状態を実現しようとする組織の前に立ち塞がるのが、変動という壁だ。したがって、リーンオペレーション戦略では、変動を排除、削減、管理することが欠かせない。理論上、最高点（スター）に到達するのは不可能なので、リーンオペレーション戦略では絶え間ない改善を通じてスターに近づこうとする努力がずっと続けられることになる。

## 西の荒野を離れて

第七章でリーンの定義の数多くが抱える問題点について論じた。第一の問題は、リーンが異なる抽象度で定義されていること。第二の問題は、リーンが目的ではなく手段とみなされていること。第三の問題は、リーンはとにかくいいもので、いいものは何でもリーンとみなされていることだった。そこで、そのような問題を解消するために、私たちはリーンをオペレーション戦略として定義したのだった。

a　定義は〝フルーツレベル〟、つまり高い抽象度で行う。抽象度を上げることで、リーンをさまざまな環境に適用しやすくなる。すべてが一つのゴールにつながる。

b　定義は〝フロー効率の目的〟に焦点を当てる。トヨタがやったことやTPSをコピーするのではなく、トヨタなどの企業が〝なぜ〟フロー効率を重視したのかを理解することが重要。それを理解してはじめて、あなたの組織も同じことができるようになる。

c　定義は〝自明の理〟であってはならず、何がリーンであって、何がリーンでないかが明らかでなければならない。定義を通じて、リソースの有効利用よりもフロー効率が優先されることをはっきりと示す。

リーンを文脈に依存した形で定義するのを避けることが、私たちが上記の三つの問題に取り組んだ理由だった。「リーン」とは、トヨタの効率的な働き方を見た西洋の研究者が使った言葉に過ぎない。トヨタがフロー効率を上げるために用いた手法がほかの環境でも有効だとは限らないという点は、しっかりと頭に入れておこう。リーンオペレーション戦略をどう実現するかは、文脈によって異なる。ある組織や環境で有効だったソリューションが、ほかの組織や環境でも有効だとは限らない。

私たちは、リーンをオペレーション戦略として定義することで、リーンはあらゆる組織が選択できる戦略であることを示した。フロー効率を高めることで、あらゆる環境の組織が恩恵を受けられるだけでなく、長期的にはリソース効率も上がるに違いない。それが自分の組織に望ましいことなのかどうかを見極めるためには、ビジネス戦略を見直したうえで、「我々はどんな価値をつくりたいのだろうか？　どう競争すべきなのか？」と問うべきだろう。

# 第一〇章

# リーンオペレーション戦略の実現

リーンはオペレーション戦略である。目的を達成するための戦略だ。具体的な目的は、リソース効率よりもフロー効率の高さを優先すること。

そうは言うものの、変動を排除、削減、管理することで、フロー効率とリソース効率の両方を絶え間なく高めることが実際の目標になる。

では、どうすれば組織はリーンになれるのだろうか？ そう問いたくなるのは当然のことなのだが、果たしてそれは〝正しい〟疑問なのだろうか？

## 何も知らない外国人

名古屋の心地よい朝。東京大学からやってきた三人の研究者が五〇階建てのビルに入った。ピカピカの大理石の床を横切ってエレベーターに乗り込み、二二階のボタンを押した。ボタンの横にはこう書かれてあった。「トヨタ自動車株式会社――受付」。

研究者たちは受付で登録を済ませ、それぞれ名札を受け取った。指示された別のエレベーターで四二階を目指す。彼らは西田氏に会うことになっていた。トヨタ車の販売、流通、サービスの効率を上げるための構想を練ることを目的として一九九五年に発足された内部特殊チームの上級マネージャーだ。

西田氏はトヨタで活躍する若い上級マネージャーの一人。三七年にわたり、会社でさまざまな役職を務めてきたが、トヨタ生産方式についてはいまだに学ぶことがたくさんあると言う。トヨタの社内研修プログラムは修了するまで二五年かかる。なのに西田氏は、基本的なこと以外はほとんど知らないと自ら語るのだ。

西田氏はくすんだグリーンのスーツを着ていた。伝統的なフォルムのアルマーニだ。身のこなしを見れば、彼が人の上に立つ存在であることがわかる。彼の後ろに続いて会議室に入るほかの三人のマネージャーを率いる存在であることが明らかだ。誰も西田氏の話を遮ろうとしないし、誰も反論しない。誰も彼の前を歩かない。

トヨタの男たちは訪問者に静かに礼儀正しく挨拶し、あたかも天皇陛下の結婚祝いに参列しているかのような誇り高さと厳粛さをもって名刺を交換する。出席者を一人ずつ手短に紹介したあと、西田氏は一人の日本人ではない研究者に問いかけた。

「外国人研究者でここに来たのは皆さんが初めてです。なぜここにいらしたのですか？」

その外国人は緊張した様子で、たどたどしい日本語でこう答えた。

「私はスウェーデンから来ました。リーンサービスの研究をしていて、サービス組織がリーンをどうビジネスに活かせばいいかを調べています。あなた方はたくさんのツールとメソッドを開発して、それを使ってあなた方の生産方式を世界で最も効率的なものにしました。それらをあなた方のサービス業にどう活かしているのか、教えていただけませんでしょうか？　例えば、セールスやサービスのプロセスにツールやメソッドをどう応用したのでしょうか？」

西田氏はぽかんとした表情でテーブルを見下ろし、ため息をついてからまた顔を上げた。今まさに敵に襲いかかろうとする侍を彷彿とさせる顔つきではあったが、その声は落ち着いていた。

「また何もわかっていない外国人ですか」

しばらくの沈黙ののち、こう続けた。

「あなたのした質問は、TPSの本質をわかっていないことを証明しています。外国人は、彼らが我々の工場で見たもの、ツールやメソッドの総体として、リーンという概念を生み出しました。その際、彼らは完全に見落としていたものがあります。目に見えないもの、我々の哲学です。彼らは繊細で目に見えないものを見落としていたのです。それが、我々がそれらのツールとメソッドを使う意味を教えてくれているのに」

「皆さんがこちらに二年間滞在するおつもりでしたら、我々の核となる哲学の理解に集中することをお勧めします。我々が何をするかは、我々の価値観と原則が決める。それを理解すれば、あなたも我々がサービス業務でどうやって効率を高めているか、わかるようになるでしょう」

西田氏は立ち上がり、ホワイトボードの前に立って円を描いた。円の横に「価値観」と書く。

「わかりやすくするために、たとえ話をしましょう。トヨタ自動車株式会社を設立したとき、我々は会社のことを植えたばかりの一本の木とみなしました。そのころ、木の育て方なんて、まったく知らなかった。我々には知識が欠けていたので、慎重にならざるをえなかったのです。決して早急な決断はしませんでした。そして、こう問いかけました。

- どんな木を美しいと感じるのだろうか？
- どんな木を美しくないと感じるのだろうか？

これらの問いに共通の答えが見つかったとき、我々は自分たちの考えを価値観にまとめたのです。価値観が、木に対してどう接するべきかを決めてくれました。最も大切な価値観は、つねに顧客を第一にすること。顧客のニーズを満たすことです。顧客のニーズを満たすことは、美しい木にたとえられます。顧客のニーズがほかの何よりも優先される。顧客を満足させることで、木を大きくすることができるのです。いちばん重要なのが顧客で、顧客を何よりも優先しなければならない。トヨタで働く者全員にとって、我々の価値観が困ったときに答えを求める場所になりました。価値観のなかに、あらゆる状況でどうふるまえばいいかの答えが見つかる。価値観が我々にどうあるべきかを示してくれる。それらが我々の社風の中核になったのです」

西田氏はホワイトボードの図に向き直った。最初の円の下に二つの円を描き、最初の円から新しい円へ二本の矢印線を引く。新しい円の横に「原則」と書いてから話し続けた。

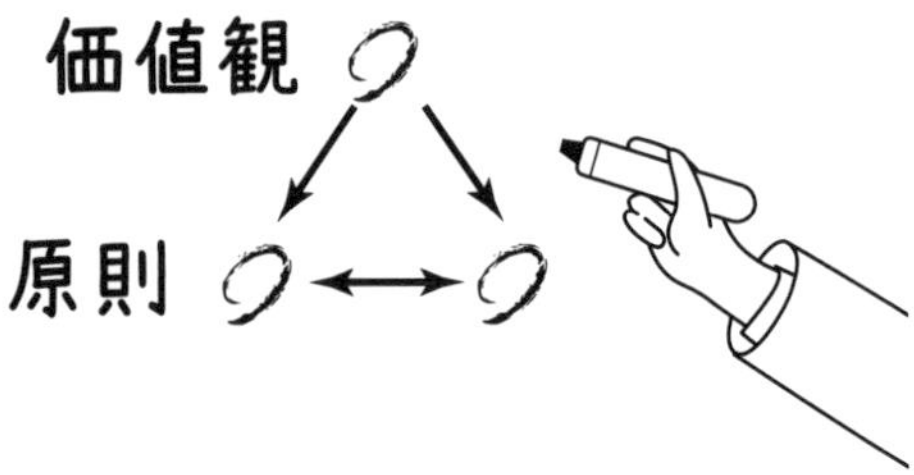


「大きく育ちつつある木を、我々は我々自身の価値観に従って世話しました。それがうまくいっていることを確かめるために、次の問いを投げかけました。

- 今日、我々は木をもっと美しくする決断を下しただろうか？それはどんな決断だった？
- 今日、我々は木をもっと美しくしない決断を下しただろうか？それはどんな決断だった？
- 木を明日もっときれいにするために、我々はそこから何を学ぶことができる？

毎日このように問い続けるうちに、決断の下し方という点で次第に原則が明らかになってきました。木を美しく育てるためにはどう世話すればいいのか、パターンが見えはじめたのです。そうして得られた原則が、我々のビジネスにおいて何をどう優先すべきか指し示してくれました。つねに価値観に目を向けた結果として得られた原則です。それら原則が我々の価値観を実現し、木の世話をする際の、あるいは木の世話をしない際の指針になったと言えるでしょう」

左下の円の下に、西田氏は「ジャスト・イン・タイム」と書いた。

「長い発展の末、我々の考えは二つの原則に要約できることがわかりました。一枚のコインの表と裏の関係にある原則です。一つ目の原則はジャスト・イン・タイム。フローを生み出すことです。サッカーを想像してください。チームがボールをピッチの一方の端からもう一方の端までパスでつなぎ、最後には対戦相手のゴールに蹴り入れるとき、フローが生まれます。ボールはつねに動いている。選手の全員が協力して、ボールが流れるべき完璧なルートを見つけようとする。ボールはピッチを縦断してゴールまで流れる。基本的にサッカーのゴールは、顧客に望みどおりのものを、望み通りの時間に、望み通りの品質で届けるのと同じこと。カスタマーサービスとは、ゴールを決めることなのです」

西田氏は再び口を閉ざし、ホワイトボードに顔を向けた。右下の円の下に、ある単語を書き足した。「自働化」。

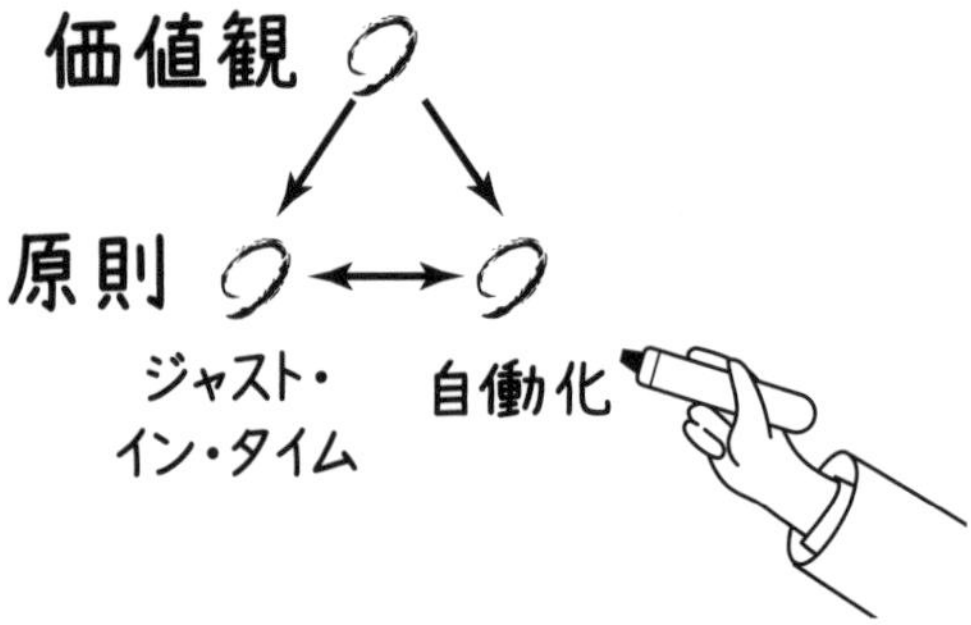


「コインのもう一方の面にあるのが自働化。ジャスト・イン・タイムを補う原則です。自働化とは少し抽象的な原則なので、わかりやすくするために、一つ質問をさせてください。サッカーチームがたくさんのゴールを決めるには、どんな前提条件が不可欠でしょうか？」

研究者たちはからかわれているような気になって互いの顔を見つめ合った。そして口々に答えた。

「優れた戦術！　巧みなキック！」
「強さとスピード！」
「チームワークと正確なパス！」

西田氏は満足そうに微笑んでから言った。

「予想通りの答えですが、すべて間違いです。あなた方は優れたフローを生むのになければならない条件ばかりに目を向けています。自働化とは、もっと単純なものです。サッカーのたとえを続けるなら、答えはあまりにも明白なので誰もそれが条件だとは思わないのです。選手の全員がサッカーのルールとチームの戦略を理解できなければならないのに加えて、全選手が、ピッチ上のどのポジションからも、次のことができなければなりません。

- ピッチとボールとゴールを見る
- ピッチ上の全選手を見る
- スコアを見る
- 試合の残り時間を見る
- ホイッスルの音を聞く
- チームメンバーと観客の声を聞く

選手の全員が、目が見えて耳が聞こえて、試合中ずっと、起こっていることのすべてを把握している。全体像がはっきり見えてはじめて、彼らは協力しながらどうやってゴールするか決めることができるのです。誰かがミスをしたら、あるいは誰かがゴールを決めたら、審判がホ

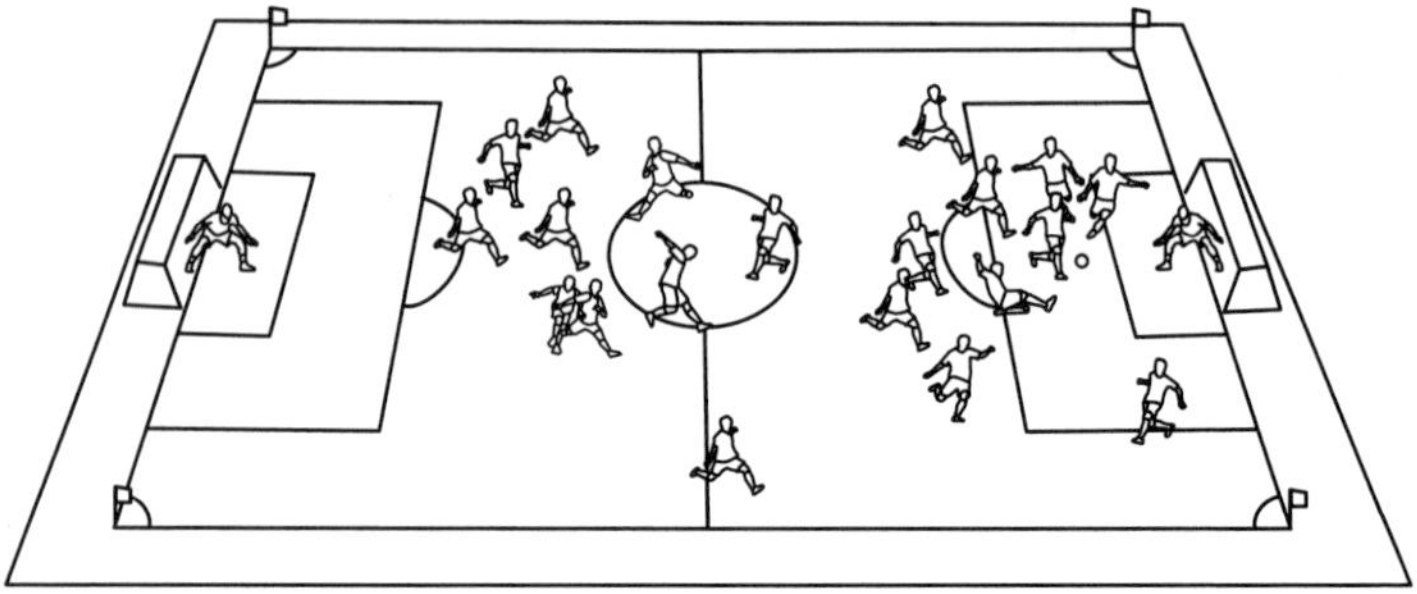

イッスルを吹く。全員がそのホイッスルを聞き、試合がストップする。これらはほとんどのチームスポーツに共通する条件です。全員が、ずっと、すべてを見ることができ、しかも審判が一瞬でゲームを止めることができる」

部屋が静かになった。そこにいる全員が西田氏が言ったことについて考えているのが明らかだ。

「組織内で、そのように根本的な前提条件を満たすのはとても難しいことです。みんな異なる場所にいて、異なる時間に異なることをバラバラにやっているのですから。現代の組織は、ピッチ上に数百もの小さなテントを張った様な状態です。そこでたくさんのボールを同時に使って試合が行われている。できるだけ多くのボールを蹴ったプレーヤーに報酬が与えられていて、彼らは自分のテントからボールをうまく蹴り出しただけでゴールを決めたような気になっている。バラバラの時間にプ

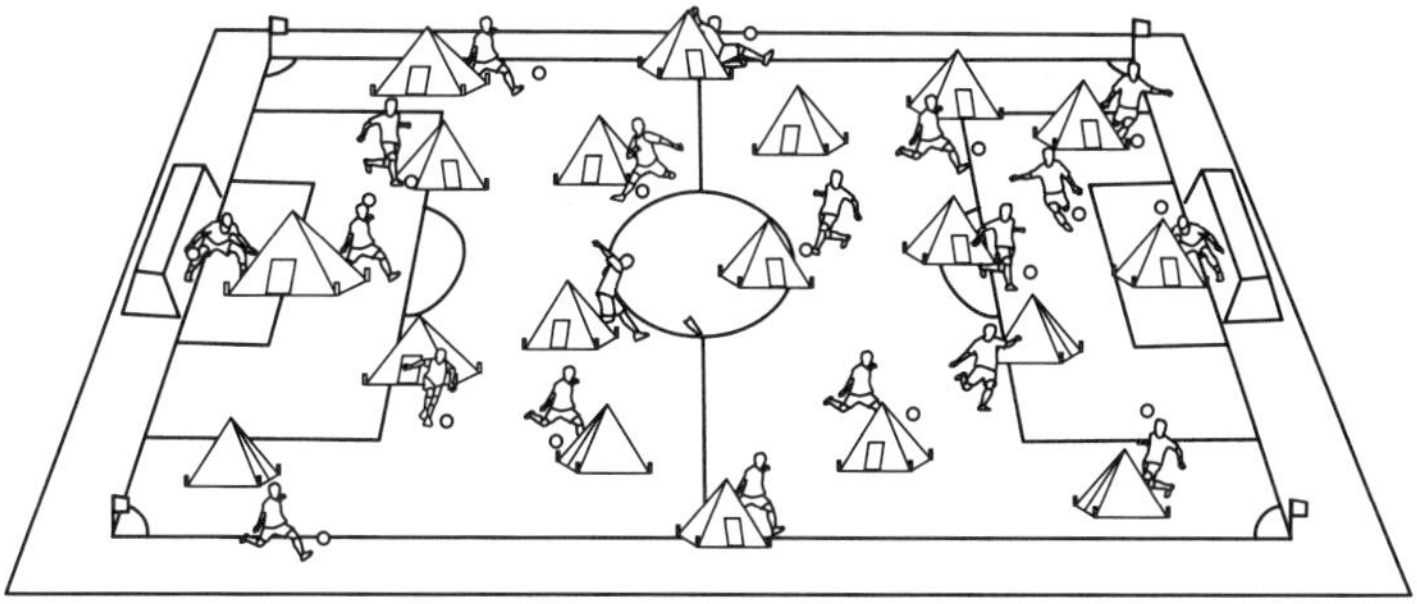

レーするので、ほかの選手の名前すらほとんど知らない。誰も全体像を見ていない。誰もホイッスルを聞いていない」

西田氏は「ジャスト・イン・タイム」と「自働化」のあいだにも矢印線を引いた。そしてこう続けた。

「ジャスト・イン・タイムはフローを生むことを、自働化とは目に見えるはっきりとした像を得ることを意味しています。それにより、フローを起こしたり、妨げたり、せき止めたりするものすべてを、すぐに把握できるようになるのです。この二つの原則は一枚のコインの表と裏であり、両面がそろってはじめて、つねにしっかりと顧客に目を向けて〝ゴールを決める〟ことができるようになる」

西田氏はまたホワイトボードに向かって、今度は三段目として六つの円を描いた。新しい円を上の円と矢印で結ぶ。すべて

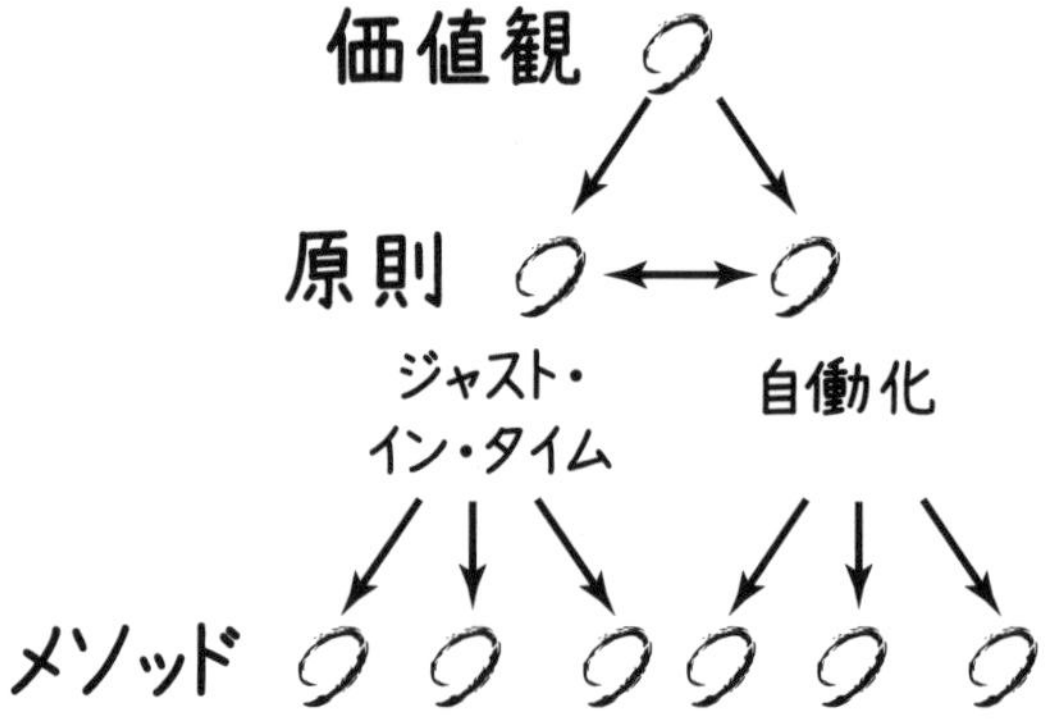


がほかの何かと結びついた関係だ。新しい円の横に、「メソッド」のひとこと。

「この二つの原則に従って活動し、事業を発展させていくうちに、パターンが見えてきました。今度は、我々のあり方や決断のしかたのパターンではなくて、何をしているか、あるいはさまざまな作業をどう行っているかのパターンです。何かをやっているときも、我々はつねにジャスト・イン・タイムと自働化の実現に力を注いでいました。すると、時がたつにつれ、さまざまなタスクをどう実行すればいいかがわかってきたのです。いくつかのやり方はほかの方法よりも優れていた。そこで、さまざまなタスクを行う最善の方法を見つけて、標準化して、広めることに決めたのです。その結果として生まれたのが、いくつかの標準化されたメソッドで、いわば数多くのタスクをどう実行するのがいいかをみんなで考えて導き出した最高の答えの結集です。我々が、我々の原則を、どんな状況でも、最高の形で実現するための方法を標準化したのがメソッドなのです」

「メソッドは、毎日世話をしてできるだけ美しい木を育てるための最高の方法。一例を挙げると、ジャスト・イン・タイムを実現するために、我々は数多くのメソッドを開発しました。どれも、顧客が望むものを、望むときに、望む量で提供し続けることを可能にしてくれるメソッドです。そもそも標準化が我々にとって最も重要なメソッドの例です。実際のところ、メソッドを開発するためのメソッドと呼べるでしょう。効率的なフローを生み、それを――これが最も大事なのですが――維持するためには、フローはある時点で標準化されなければなりません。特定のタスクがどう実行されればいいのか、誰もが同じ理解を得るために、です。でも、どうやって物事を標準化すればいいのでしょうか？　最高の作業方法をどう確立すればいいのか？　ここでもサッカーと同じ問題が待ち構えています。サッカーの監督はどうやって攻撃方法を標準化すればいいのでしょうか？　標準化とは、標準をつくるための標準。メタ標準なのです！」

西田氏は外国人に向けてニヤリと笑った。

「我々は、ジャスト・イン・タイムと自働化の実現に役立ついくつかのメソッドを開発することができました。自働化を実現するのに欠かせないメソッドの一つがビジュアルプランニングです。すでに述べたように、自働化の目的は、組織を透明にして、誰もがいつでもすべてを見られる状況をつくることにあります。それは、ビジネスにかかわる重要情報のすべてを壁に表示して見える化し、それを継続的に更新することで可能になります。社内で何が起こっているのか、誰もが一目で確認できるのですから。不測の事態が生じたとき、最初に気づいた者がホイッスルを吹く。するとみんなが手を止める。問題の原因を探り当て、改善し、また続ける。ビジュアルプランニングは自働化の実現を促すメソッド。自働化とはホイッスルである、と言えるかもしれません」

研究者たちは西田氏の言いたいことがあまりよくわかっていないようだった。西田氏は少し語気を強めて続けた。

「重要なのは、我々が〝なぜ〟見える化するのか、その理由をしっかりと理解することです。自働化について考えてみてください！　我々はつねに全体像が見たいのです。全従業員が彼らの進捗状況を見える化すれば、具体的に二つのことが可能になります。工程が計画どおりに進んでいれば、すべて順調であることがわかる。それが一つ目。見える化された情報のおかげで、状況に異常がないことが確認できる。我々はなすべきことをやっている。二つ目は、工程が計画どおりに進んでいなければ、見える化された情報の助けですぐに対応できること。状況が正常でないことがわかる。正常から逸脱していることが確認できる」

「わかりますか？　サッカーのピッチ全体をつねに見渡せるのは、見える化があるからです。組織全体をコントロールするのは不可能。しかし、我々の活動のすべてを標準化、そして見える化するのは可能です。見える化を通じて標準から外れたものだけを制御することで、組織全体をコントロールできるのです。異常こそが、正常状態に改善をもたらすのです」

会議室は静まりかえっていた。

西田氏はホワイトボードのピラミッドに最後の段として一二個の円を書き足した。そしてさっきと同じように、上の段と矢印で結ぶ。今回も円の横に何か書いたが、すぐに消してから研究者のほうを向いて尋ねた。

「これは何だと思いますか？」

そしてホワイトボードに向き直り、手でボードをたたいた。

「これは何ですか？」

西田氏はさらに数回ホワイトボードをたたいてから、研究者たちをじっと見つめた。どんな答えが求められているのか、誰にもわからなかった。ボードをたたくのをやめた西田氏は研究者たちにゆっくりと、しかしきっぱりと言った。

「ホワイトボードですよ。私はホワイトボードをたたいているのです。これは私が一分前に開発したメソッドで、〝研究者が居眠りするのを防ぐメソッド〟と名付けました」

西田氏は満足そうに笑った。そしてピラミッドに向き直る。いちばん下の段の円の横に、「ツールとアクティビティ」と書いた。

「ホワイトボードはツール。それをたたくのはアクティビティ。ツールとアクティビティが、メソッドを実行する方法になる。メソッドはアクティビティ（我々がやること）とツール（我々が

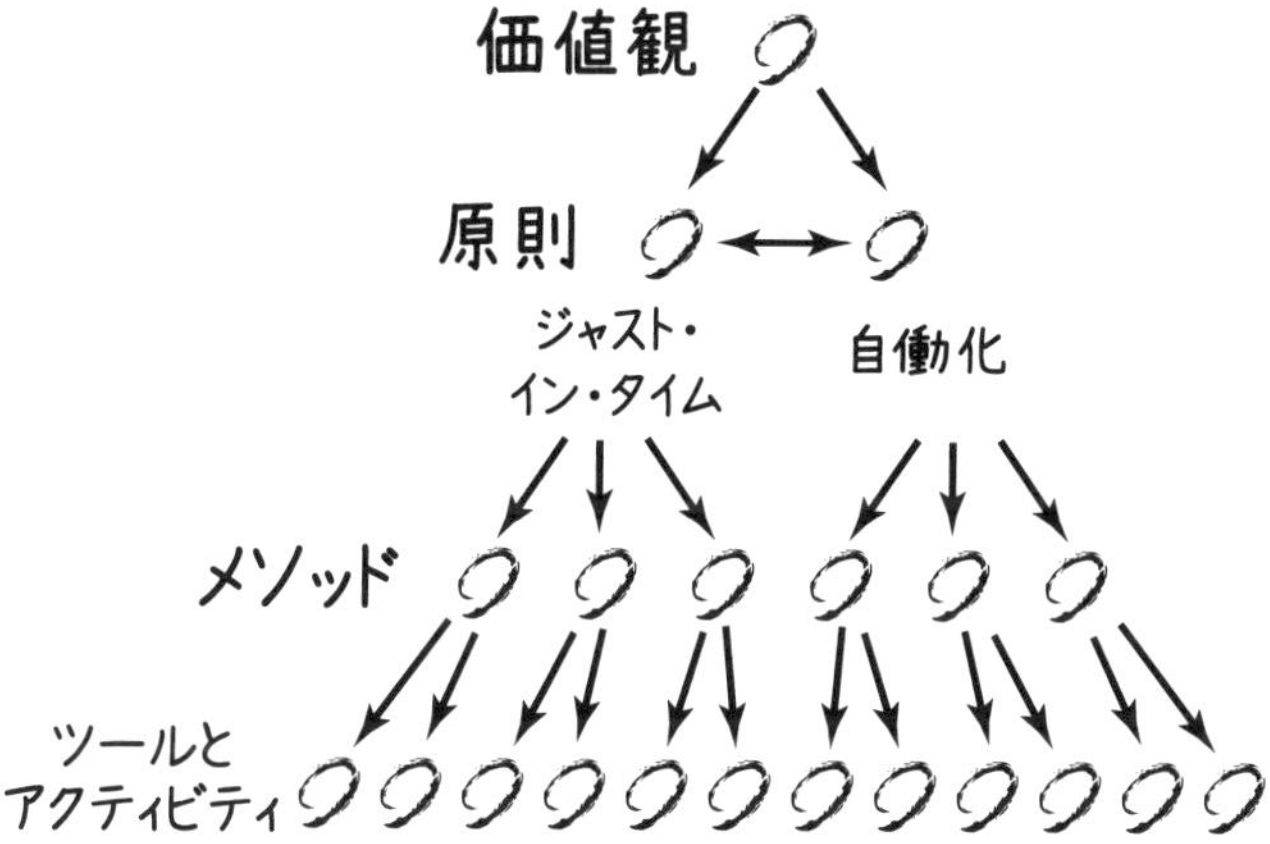


もつもの）で構成されているのです。標準化のメソッドを実行するために、我々はいくつかの空欄に分割されたＡ３テンプレートを開発しました。標準を記録するためにそれを使っています。そのテンプレートは、標準化を行うのに必要なツールだと言えます。また、テンプレートに記入する際の手順として一連のアクティビティも定義しました。ツールとアクティビティはメソッドの構成要素なのです」

西田氏はホワイトボードから少し遠ざかって、自分が描いた図を満足そうに眺めた。そして研究者たちに向き直り、説明した。

「我々の価値観が、状況や文脈に関係なく、我々がどうあるべきかを決める。価値観が我々の存在の根拠であり、つねに追い求めるべき状態となる。我々の原則が、我々がどう決断すべきか、何を優先すべきかを決める。ジャスト・イン・タイムと自働化がどちらの方向へ事業を発展させるべきかを決める。顧客の方向へ！　木を美しくするほうへ！　メソッドはさまざまなタスクを実行する方法。我々を正しい方向へ推し進めるモーターなのです。特定のメソッドを実行するために、もたねばならないものがツールで、しなければならないことがアクティビティ。一つのシステムのなかで、すべてが絶え間なく細かく結びついて、我々のビジネスがとても美しい木になるよう育ててくれる」

西田氏は自分の席に戻り、腰を下ろした。ホワイトボードを振り返ってから外国人に顔を向ける。

「以上。トヨタ生産方式の短期集中講座でした。ここで重要なのは〝方式〟という言葉です。これはあらゆるものが結びついているシステムを意味しています。私の話をあなたが理解できればいいのですが」

スウェーデン人研究者は緊張した面持ちでうなずき、座ったまま頭を下げて感謝の意を示した。西田氏は意地悪そうに微笑んで、最後の質問を口にした。

「最後のチャンスをあげましょう。私が『ああ、やっとTPSを本当に理解している外国人に出会えた！』と思えるように、あなたの最初の質問を言い換えてください」

西田氏は期待を込めた表情で椅子にもたれかかり、もう一度外国人に目を向けた。

## リーンオペレーション戦略を実現するための手段

西田氏が無知な外国人にした話は、「組織はセールスやサービスのプロセスにツールやメソッドをどう応用すればいいのか？」という問いは誤解を招くものであることを示唆している。そのような問いはリーンをメソッドとツールの集まりとみなしていることの証拠だ。一般に信じられているのとは違って、リーンはメソッドやツールでもなければ、原則でもない。すでに指摘したように、私たちはリーンをオペレーション戦略、つまり目的を達成するために用いる戦略と理解している。

したがって、本当に問うべきは、「リーンオペレーション戦略をどう実行すればいいのか?」のはずだ。この問いかけに対する答えは、「リーンオペレーション戦略を実行するための手段はたくさん存在する」だ。

問いをもっと洗練された形に言い換えることもできる。「リーンオペレーション戦略を実現するのに、どんな手段を使うことができる?」。あるいは「どの手段が妥協することなくフロー効率を向上し、願わくばリソース効率の上昇にもつながるだろうか?」。西田氏の話から、たくさんの手段があることがわかる。それらは西田氏がホワイトボードに書いたように、四つの異なるグループに分けることができる。

- 組織がどう〝ふるまう〟べきかを決める価値観
- 組織がどう〝考える〟べきかを決める原則
- 組織が何を〝する〟べきかを決めるメソッド
- 組織が何を〝もつ〟べきかを決めるツール

西田氏のピラミッドはさまざまな手段がさまざまな抽象度で定義されていることを示してい

る。価値観は抽象度が最も高く、ツールが最も低い。リーンオペレーション戦略は、価値観の統合や原則の適用などといった抽象的な変化を通じても、あるいはメソッドやツールの導入による具体的な変化を通じても実現することができる。リーンを用いようとする組織のなかには、先述のレベルのいくつかにだけ注目するものもあれば、すべてを重視するものもある。

リーンオペレーション戦略を実現するための多くの手段については、既存の文献で詳しく説明されている。TPSやリーンについて書かれた書籍の大半で、リーンオペレーション戦略を実践するのに役立つすばらしい手段が数多く提案されている。それら既存の文献からも学ぶべきことがたくさんあるのは明らかだ。

しかし、この点は大切なので強調しておくが、そのような文献で紹介されている価値観、原則、メソッド、ツールはどれも、それ自体はリーンではないのだ。それらはリーンオペレーション戦略を実現するための手段である。手段だからといって、価値がないわけではない。実際にはその逆だ。

価値観、原則、メソッド、ツールのすべてを手段とみなすことで、私たちはすべてが結びついていると理解できるようになる。そのおかげで、ほかの人の経験から学ぶときにありがちな、バラバラでときには完全に対立しているアドバイスを整理しやすくなる。すべてがどう結びつくかも、わかるようになるだろう。

組織内の変動の排除、削減、管理に役立つものはすべて、リーンオペレーション戦略を実現するための優れた手段になる。価値観を統合することで、自分たちのあり方という点で変動が少なくなる。原則を用いることで、何を優先するか、どう決断するかという点で変動が減る。メソッドを標準化すればやっていることの変動が減少し、ツールを取り入れることで何をもっているかという点で変動が減っていく。

ここで重要なのは、望むか望まざるかにかかわりなく、どの組織も価値観、原則、メソッド、ツールを有しているという点だ。問題は、それらが何で成り立っているか、どれだけ明らかか、組織内でどれほど広く受け入れられているか、である。

## さまざまな手段がリーン戦略を実現に導く

リーンオペレーション戦略を実現するための手段がうまく働くための前提条件として、何よりもまずフロー効率を高めるために、変動を排除、削減、管理することに主眼が置かれていなければならない。この点を明らかにするために、トヨタの例を見てみよう。

## 手段としての価値観――従業員のあり方の変動を減らす

価値観が、組織がどうふるまうべきかを決める。フロー効率を上げるために、組織はどのような価値観を必要としているのだろうか？　第六章で説明したように、トヨタは『トヨタウェイ』のなかで五つの中心となる価値を掲げた。そのうちの二つ、リスペクトとチームワークは明らかに効率的なフローを生むための条件だ。

- リスペクトとは互いを理解するために何だってすること。相互の信頼を高めるために、責任をもって全力を尽くす
- チームワークとは個人、そして職業人としての成長を促し、発展の機会を共有し、個人とグループの成果を最大限にすること

従業員に、互いに尊重しながらチームとして働く方法をトレーニングすることで、この二つの価値観は組織の一部になる。それがあってはじめて、組織全体を貫く効率的なフローが生ま

れるのだ。誰もが互いを頼りにしながら協力して働くことが欠かせないため、リスペクトとチームワークは高いフロー効率を実現するための前提条件なのである。

## 手段としての原則——従業員の考え方の変動を減らす

フロー効率を高めるために、組織の人々がどう考えるべきかを決めるのが原則だ。あなたの組織の場合、存在する変動を排除、削減、管理するためにどのような原則を用いるべきだろうか？

西田氏の話では、トヨタがTPSの中核とみなした二つの原則が挙げられていた。ジャスト・イン・タイムと自働化だ。ジャスト・イン・タイムは、組織全体を通じて効率的なフローをつくることを意味している。一方の自働化は、フローを妨害したり、乱したり、遅めたりするありとあらゆる要素を見つけ、防ぎ、排除する力をもつ〝覚醒した〟組織をつくるということ。

この二つの原則がトヨタを導き、フローをつくる鍵になっている。それゆえ、ほかの組織も事業を発展させるためにこの二つの原則を用いる道を選べるだろう。しかし同時に、フローをよくするほかの原則を用いることも可能なはずだ。リーンオペレーション戦略を実現するために重要なのは、フローを改善することであって、フローを改善するための〝方法〟ではない。

これまで数多くの研究者が、国際的なトラック製造会社のスカニアをリーンのロールモデルとみなしてきた。トヨタに触発されて、スカニアは一九八〇年代にリーンを応用した独自の「スカニア生産方式（SPS）」を開発した。SPSはジャスト・イン・タイムと自働化の代わりに四つの原則を中心に据えた。それらの目的はジャスト・イン・タイムと自働化とほぼ同じだったが、概念化のしかたが異なっていた。

スカニアとトヨタはどちらもフロー効率を重視する戦略を選んだ。違いは、スカニアはSPSを、トヨタはTPSを通じて、戦略を実行に移したことだ。異なる手段を用いてはいるが、目指す先は同じなのである。

## 手段としてのメソッド――従業員がやることの変動を減らす

メソッドが、フロー効率を高めるために組織が何をすべきかを定義する。数多くのさまざまなメソッドのなかから選ぶべきは、「バリューストリームマッピング」だろう。付加価値アクティビティと非付加価値アクティビティ（無駄）を特定することに重点を置いて、プロセス内のフローを分析するための手段として、トヨタがこのメソッドを開発した。ほかの組織は、既存のプロセスのフローを分析する方法としてバリューストリームマッピングをコピーして標準化することができる。

リーンの一部と考えられることが多いもう一つの一般的なメソッドは「5S（整理・整頓・清掃・清潔・しつけ）」だ。簡単に言えば、正しいものを正しい場所へ、ということ。組織の多くが、よく整理された機能的な職場をつくるためのメソッドとして5Sを採用した。職場が散らかっていると、必要なものを探すのに時間が余計にかかってしまうが、整理整頓された職場環境ではそのような変動が減る。

## 手段としてのツール――従業員が使うものの変動を減らす

最後に、ツールが組織のもち物を決める。リーンオペレーション戦略を実現するのに、どんなツールが必要だろうか？　トヨタと関連するツールとして最もよく知られているのは「ビジュアルプランニングボード」だろう。

その目的は、プロセス指向および結果指向の指標を見える化することを通じて、プロセスの進捗を目に見える形にすること。フローは正常？　それとも正常から外れている？　ビジュアルプランニングボードを使えば、プロセスを流れるフローの状態を目で見てコントロールできるようになる。異常が見つかったら、すぐに対処できる。

## 手段は普遍的ではない

さまざまな抽象化レベルでリーンオペレーション戦略を実現するための手段があると考えることで、手段は文脈に依存していることがよりはっきりと理解できるようになる。

- 抽象度が高ければ高いほど、手段の文脈への依存が弱まる
- 抽象度が低ければ低いほど、手段の文脈への依存が強まる

この場合、文脈は当該の手段が開発された組織のタイプによって決まる。手段としてのツールは最も低い抽象度に属する。つまり、ツールは文脈と最も強く結びついている。リーンオペレーション戦略を実現するために特定の文脈内で開発されたツールは、ほかの文脈でも利用できるとは限らない。しかしそれは、リーンが役に立たないという意味ではない。役に立たないのはあくまでツールだ。

忘れてはならないのは、トヨタの用いた手段は製造業という文脈で開発されたということ。製品の基本設計にさほど大きな変動がないことと大量生産を特徴とする業種だ。大半の組織はトヨタの手段を参考にすることも、トヨタがやったことから学ぶこともできるだろう。しかし、すべての組織、特にトヨタとは異なる環境で活動している組織がトヨタが開発したすべてのメソッドとツールをコピーできるわけではないだろうし、コピーすべきでもない。

このことは、メソッドとツールは〝対策〟であるとするトヨタ自身の見方とも一致している。トヨタのメソッドとツールは、トヨタがフロー効率を上げようとする努力の最中に直面した問題に対するソリューションなのである。今日、それらはトヨタの問題を解く最高の方法かもしれないが、明日には違う解決策が必要かもしれないのだ。そう考えているからこそ、トヨタはトヨタが使っているメソッドとツールについてほかの組織が学習することを問題視しないのである。

多くの組織にとって、リーンオペレーション戦略の実現とは、自分たちの置かれた文脈に存在する変動を排除、削減、管理するためのソリューションとメソッドとツールを開発することを意味している。開発のしかたは他社のやり方を参考にすべきだが、むやみやたらにコピーすべきではない。

リーンとは何かを真に理解することで、組織はフロー効率を高めて完璧な状態に近づこうと努力する際に遭遇する問題に対して、独自の解決策を見つけられるようになるだろう。

# 第二章

# あなたはリーン？釣り方を学ぼう！

リーンオペレーション戦略を実現する方法はたくさんある。フロー効率を改善するために価値観を統合することができる。原則を応用すれば、従業員がつねにフロー効率を高める決断ができる状況をつくることが可能だ。組織内で生じる変動を排除、削減、管理する目的で、メソッドを標準化し、ツールを実装するのもいい。

そうすることでフロー効率はよくなるし、同時にリソース効率も高まる。しかし、そのような努力をしたうえで、私たちは組織がリーンになったかどうか、どうやって判断すればいいのだろうか？

## 私たちはリーンですよね？

そのヨーロッパのエンジニアリング会社はリーンな仕事ぶりを誇っていた。それを誇りにする正当な理由もあった。業界内で、同社は最もリーン化が進んでいる会社として知られていた。見学に来る者も多かったし、ほかの企業の多くも、そのすばらしい会社がリーンをどう体現しているのかを熱心に学ぼうとした。

従業員はそんな会社が自慢だったし、もっと発展するためにできることはないかと考えるのをやめなかった。会社を次のレベルに引き上げるには、何をすべきだろうか？　そもそも次のレベルがあるのだろうか？　それとも、会社はすでに最高レベルのリーンに到達したのだろうか？

自分たちがどれほどリーンかを知るために、同社はトヨタの伝説的マネージャーである大庭氏を招いた。大庭氏はこちらも伝説の大野氏――トヨタ生産方式の父として知られる人物――の右腕だった人だ。

エンジニアリング会社のリーンに対する取り組みを評価するために、大庭氏がやってきた。到着してすぐ、ガイド役にともなわれながら工場を視察する。同社の代表団は工場での仕事ぶりを誇らしげに披露した。整理整頓の行き届いたきれいな作業場も見せた。事業のあらゆる側面の動向がリアルタイムで示されているビジュアルプランニングボードも。胸を張って、工場には在庫が非常に少ないと話した。品質を上げるために使っているさまざまなツールも見せた。「私たちはリーンですよね?」。答えはもうわかっている、といった様子で代表者の一人が尋ねたのだが、大庭氏はただひとこと「おもしろい」とだけ発した。

大庭氏には、工場で働くオペレーターたちと話す機会すら与えられた。話した相手は誰もが、会社のビジョンとゴールを同じように理解していた。自分たちの仕事が事業全体にどう関係しているのか、顧客に引き渡される完成品にどう貢献しているのか、誰もが答えることができた。オペレーターたちは、自分たちがかかわってきた改善作業について熱く語った。

「間違いなくリーンですよね?」と会社のマネージャーが尋ねる。すると大庭氏はまた、たったひとこと「おもしろい」とだけ答える。

視察のあと、大庭氏に同行していた全員が会議室に集まって話し合いを続けた。会社側の代表団は、なんとか大庭氏からこの会社はリーンであるというお墨付きを得ようとした。しかし、大庭氏は応じない。室内の空気が重くなりはじめた。会長が口を開いた。

「大庭さん、あなたに工場のすべてをお見せして、私たちがリーンとどう取り組んでいるか説明させていただきました。リーンとの取り組みに、我々は誇りをもっています。あなたが見たものが世界クラスのリーンであるかどうか、教えていただければ幸いなのですが」

大庭氏の答えはとても短く、しかし的を射ていた。

「わかりません。昨日がどうだったか、知りませんから」

## リーンオペレーション戦略が実現するのはいつ？

この大庭氏のエピソードはリーンの本質を突いている。リーンとは、到達すべき静的な状態ではないのである。いつか完了するものではない。リーンとは動的な状態であって、絶え間ない改善を特徴としている。

リーンをオペレーション戦略とみなすなら、「我々はいつリーンになれるのだろう?」と問うのは間違っている。問うべきは、「リーンオペレーション戦略が実現するのはいつだろうか?」だ。リーンオペレーション戦略の目的は、リソース効率を犠牲にすることなく、理想的にはリソース効率を向上させながら、フロー効率を高めること。

目的がかなったとき、戦略は実現したと言えるだろう。しかし目的には二つの定義のしかたがある。静的か動的か、だ。

## 静的な目的のオペレーション戦略

静的な観点から見た場合、リーンオペレーション戦略を考案する際にフロー効率の明確なゴールを設定する必要がある。しかるに、改善はフロー効率の大幅な向上を意図した一つ以上のプロセスの変革プロジェクトとみなされる。

変革プロジェクトにはっきりとしたゴールがあるのなら、変革の前と後にフロー効率を測ればいい。そしてフロー効率の上昇度合いをプロジェクト成否の基準にするのである。その測定値は、内外との比較にも使える。例えば、「どこで、あるいはいつ、フローが最も効率的だろう?」などの疑問に答えるために。静的なゴールをもつオペレーション戦略は左のように図示

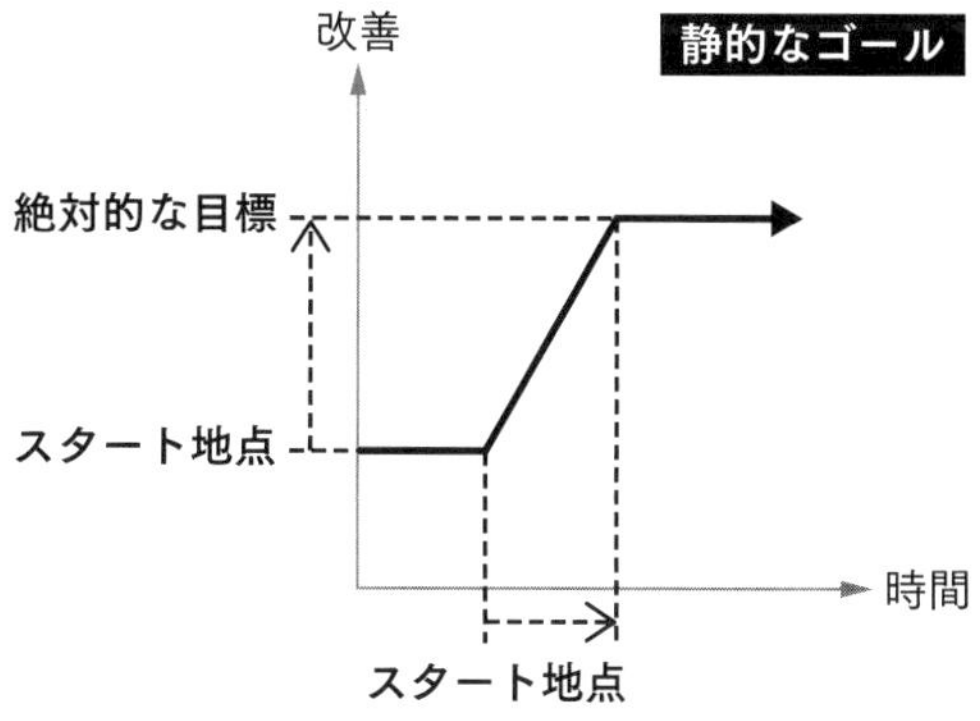


できるだろう。

この図は一定の期間ののちに完全なフロー効率にまで向上したプロジェクトを示している。見ればわかるように、ある静的な状態から別の静的な状態へと変化した。

大庭氏のエピソードが示すように、そのような静的な見方は正しくない。数多くの組織がリーンをいつかあるとき「これで終わりだ」と言える、実装できる何かとして理解しているのは、言外にリーンをツールとメソッドを中心に定義しているからだ。

もちろん、リーンへの道のりをはっきりとした中間目標で成り立つ小さなプロジェクトに分解することはできる。しかし重要なのは、リーンオペレーション戦略の実現は終わりのない旅であると理解することだ。この点について、詳しく見ていこう。

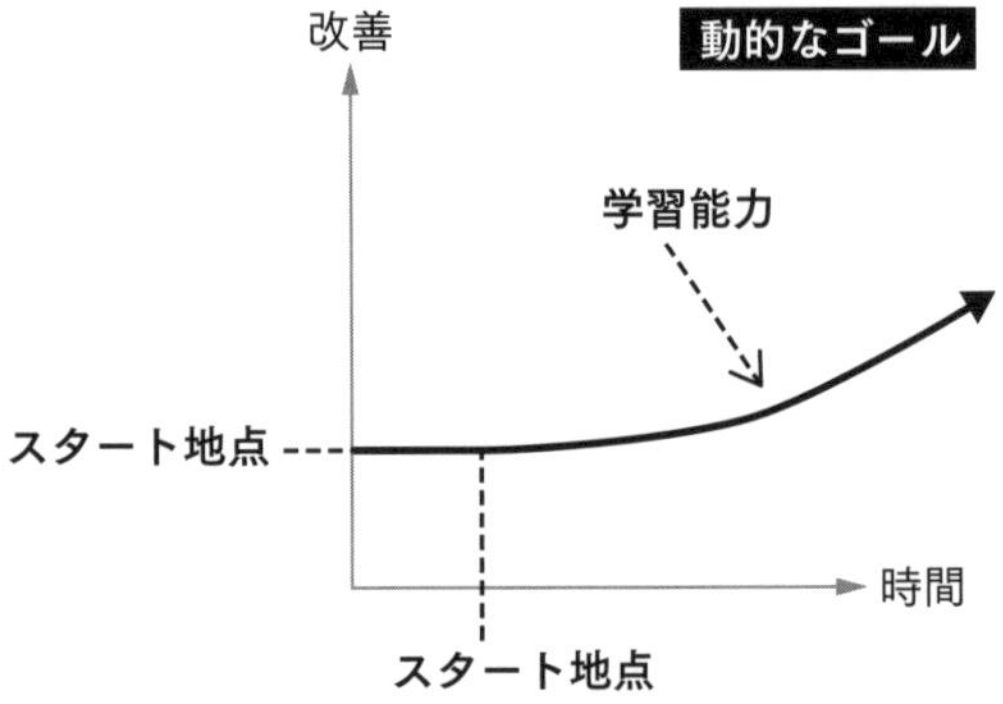


## 動的なゴールのオペレーション戦略

動的な観点から見た場合、フロー効率を最高レベルに引き上げることは重視されない。フロー効率はつねに上昇し続けるものとみなされる。つまり、組織はリーンオペレーション戦略の実現を、静的な状態ではなく、つねに変化を続ける状態とみなすことになる。この場合、フロー効率が改善している限り、リーンオペレーション戦略が実現していると言える。そのような動的な考え方は上の図で表される。

この図では垂直軸にゴールがない。絶対的なレベルは、重要ではないのである。弧を描きながら上昇していくカーブが状態の動的な変化を示し、絶え間ない改善を意味している。

## つねに改善する組織

大庭氏のエピソードが、トヨタがリーンオペレーション戦略の実現をどうとらえているかを示している。リーンオペレーション戦略とは、絶えずフローを向上する組織をつくることなのである。組織がリーンであるかどうかを知る唯一の方法は、異なる二つの時点における組織の運営状況を比較することだ。つねに改善が見られる場合、その組織は動的な状態にある。

現状のフローを高めることだけが、リーンオペレーション戦略の実現ではない。さまざまなやり方を通じて、継続的に改善することも大切だ。つねにフローを改善できる組織は、絶えず新たな知識を、新たな理解を、新たな経験を蓄積し続け、顧客のニーズについて、顧客のニーズを効率的に満たす方法について、新たなことを学び続ける。

「このプロジェクトを通じて我々は何を成し遂げたのだろうか？」が、静的な観点から見たときの問いだろう。しかし、動的な見方をする組織はこう問うはずだ。「毎日学習を続けるには、どうすればいいのだろうか？」

そう考えた場合、リーンオペレーション戦略の実現においては、リーンは一連のツールで構成されていると考え、そこから最大限の成果を上げることが主目的になる。

## 大きな魚を釣り上げるか、それとも釣り方を学ぶか

静的か動的かという問題を論じると、次の重要な疑問が浮かび上がる。「改善とは、そもそも何だろうか？」

古典的な考え方では、改善とは静的な見方と深く結びついている。組織は問題があると感じるのだが、その問題を「大きな魚」にたとえることにしよう。その組織はその大きな魚を捕まえるために多大なリソースを投じた。それゆえ、改善プロジェクトの目的は「魚を捕まえる」こと。改善のための仕事を実際に行うのが外部コンサルタントか、内部コンサルタントか、従業員かに関係なく、プロジェクトは〝魚が捕まれば〟終わる。始まりと終わりがある。

トヨタの見方は動的だ。基本的に、問題は絶えず存在すると考える。従業員の全員が魚の捕まえ方を知っていることが大切だ。そのため、トヨタの改善プロジェクトでは「魚の釣り方を従業員に教える」ことに力が注がれる。しかも、誰もが釣りの腕前を上げることができる。絶えず新しい魚がいるからだ。大きいのも、小さいのも、速いのも、遅いのも、すぐに捕まるやつも、なかなか捕まらないやつも。何よりも大切なのは、組織として魚を釣る能力だ。したがって、改善プロジェクトに始まりと終わりがあるとするなら、焦点は魚そのものではなく、魚を釣り上げる能力に向けられる。

変革プロジェクトに着手する際、組織は前もって改善を動的にとらえるか、静的にとらえるかを自問することが重要だ。「我々は改善をどう理解すべきだろうか？　大きな魚を捕まえるべきだろうか？　釣り方を学ぶべきだろうか？」。大きな魚を捕まえることは誰にだってできる。しかし、「自ずと釣りをする」組織をつくるのは、まったく別の問題なのである。

# エピローグ

# 無駄のない《リーンな》装いを！

たくさんの衣服が床に山のように積み上がっていると想像してみよう。ズボン、スカート、シャツ、ブラウス、ソックスも下着もある。さまざまな機会、さまざまな目的のために、さまざまな服がある。普段着。パーティー用。ジョギングウェア。仕事に着ていく服。

それらが整理もされずに積み上がっていて、あなたが新しい服を買うたびに山も大きくなっていく。あまりにも大きくなったので、必要なときに必要なものを見つけるのが難しくなってきた。あれが着たいと思っても、かなりの時間をかけて捜さないと見つからない。つまり、あなたは自分の衣服の全体像が見えなくなってしまったのだ。金曜日のパーティーにぴったりの服がどうしても見つからない。そろそろルールを決めて整理しなければならないようだ。

リーンとトヨタについて書かれた情報も、この例の衣服と同じような状態になっている。それらの知識自体を批判するつもりはない。知識は実際に何より重要なのだから。しかしこの数年で、知識がものすごい勢いで増えていった。巨大な山のように積み重なっている。服の山のなかからぴったりの一枚を見つけるのが難しいのと同じで、自分の組織にぴったりの情報を見つけるのも難しい。

本書は、それらの情報を体系的に整理する試みである。あなたの服を整理するクローゼットとして役に立つことを望んでいる。会議に着ていくブラウス、ビーチ用のサンダル、寒い冬の始まりにかぶる帽子、それぞれの機会にぴったりのアイテムを見つけるのが簡単になれば幸いだ。

衣服の例を続けるなら、本書は高い抽象度でどれが特定種類の衣類で、どれがそうでないかを定義しようとした。これはズボンで、これはズボンじゃない、と。これがリーンオペレーション戦略、これはリーンオペレーション戦略ではない、と。その際、リーンオペレーション戦略はフロー効率を重視すると論じた。言い換えれば、リソース効率に焦点を絞るオペレーション戦略はリーンではない、ということだ。

私たちには特定のオペレーション戦略を勧めるつもりはない。大切なのは、リソース効率とフロー効率が存在し、それぞれに長所と短所があると知っておくこと。特定の服を勧めるのではなく、情報を提示してあなたに自分で選べるようになってもらうのが目的だ。あなたの組織にとって、どのオペレーション戦略が最適なのか、私たちに答えることはできない。オペレーション戦略の選択は、必ずビジネス戦略と結びついている。さまざまな選択肢の意味を理解すれば理解するほど、組織は正しい選択肢を選ぶ可能性が高くなる。

そこで私たちは、服を見つけやすくするために、整理する方法を明らかにすることに努めた。服のなかには、誰にでも合うものもあれば、一部の人にしか合わないものもある。私たちはリーンオペレーション戦略を実現するためのさまざまな方法について論じた。価値観と原則、メソッドとツール、抽象的なものと具体的なもの、一般的なものと特殊なもの。オペレーション戦略はどれも異なっていて、まったく同じ形で実現できるものは二つとない。

本書の目的は、リーンとTPSについて書かれたありとあらゆるものを、組織が利用しやすくなるように整理し、秩序をもたらすことにあった。クローゼットがあれば特定の機会に着ていく服が見つけやすくなるように、本書はそれぞれの組織にとって何が適切で何が適切でないかをわかりやすくすることを目指した。私たち研究者の役割は、身のまわりの世界を理解するために構造をつくること（それを私たちは「理論」と呼ぶ）。

本書を通じて、リーンオペレーション戦略を容易に実現する方法を、わかりやすく説くことに努めた。わかりやすさは大切だが、実際にリーンオペレーション戦略を運用するのはとても難しい。リソース効率中心の組織をフロー効率重視の組織に変えるには、組織構成、管理体制、報奨形態、キャリア構成、採用プロセスなど、さまざまなレベルでの改革が不可欠だ。手短で簡単な方法など存在しない。組織全体としてリソース効率からフロー効率へ重心を移し、全従業員がフローを改善する方法をつねに考えている状態をつくるには、強靱なリーダーシップが欠かせない。

トヨタの人々は、彼らが使っているツールやメソッドを分け合い、彼らの原則や価値観について包み隠さず話してくれる。それでも、トヨタがどうやって世界中で釣りに長けた組織をつくり、フローをつねに改善することに成功しているのか、なぜそれが可能なのかを理解するのは容易ではない。この知識はおよそ一〇〇年をかけて発展してきたものであり、解読するのは難しい。トヨタのクローゼットは決して満たされることも完成することもない。これでよし、という状態などないのだ。しかし、トヨタで働く人々は次の問いを発し続けるという点では世界チャンピオンだ。

「昨日の自分よりも少しきれいになるために、どんな工夫ができるだろうか？」

## 謝辞

二〇一一年に本書をスウェーデン語で書きはじめたときの目的は、先に出版されていた書籍の二つの章を一つにまとめることだった。しかし、八週間後にできあがったのは、最初の予定と違って完全に新しい本だった。その本を英語に翻訳することになったのだが、どうしたことか、私たちは中身をまたも書き直すことに決めたのだった。改善を続ける、というリーンの基本的な考え方を知らず知らずのうちに実践していたのかもしれない。ただし今回は、明るい夏の日にコンピュータの前に陣取るのはやめて、冬や春の夜や週末に執筆にはげむことにした。

しかし前回同様、今回も私たちだけの力で書き上げたのではない。本書を最初に翻訳してくれただけでなく、その翻訳を書き直した私たちにあらゆるサポートをしてくれたシーラー・ガウに特に感謝している。私の英語に手直しを入れて読みやすくしてくれた編集者のジェームズ・モリソンにも礼を言わせていただきたい。それでもおかしな文章があるとすれば、それは私たち著者自身が選んだ表現だ。本書のために手書きでイラストを描いてくれたヘレン・ボゲリード、ありがとう。また、晩や週末に家族との生活を犠牲にしてまで、私たちの文章をすばらしい本の形にしてくれたヘレナ・ルンディンにも感謝している。

長年の研究や授業で出会ってきた数々の組織がなければ、本書に書かれた考えが生まれることはなかった。それら組織は私たちをいつも快く迎え入れてくれた。彼らがいたからこそ、私たちはリーンとは〝何か〟という考えを育むことも、洗練させることもできたのである。知識を集約できたのは、彼らのおかげだ。本当にありがとう！

私たちが日本のトヨタで研究するための資金を出してくれた以下の団体にも感謝しないわけにはいかない。欧州日本研究所、在スウェーデン日本国大使館、日本政府（文部科学省）、プリンス・カール・グスタフ基金、スウェーデン研究所、スウェーデン・日本財団、マルクス・ワレンベリ技術博士の国際ビジネス教育基金、研究を支援してくれたあなた方の先見の明と寛大さが、本書の基礎をなしている。

**【ニクラスより】** トヨタでの研究を実現してくれた人々に、個人的に感謝を申し上げたい。藤本隆宏と田中正知は私を東京大学の研究チームに迎え入れ、トヨタへ通じるドアを開けてくれた。よき友であり、トヨタでの研究活動ではつねに私の脇を固めてくれた小菅竜介にもありがとうと伝えたい。もちろん、私にエネルギーと愛を与え、理解を示してくれた家族、親戚、友人、同僚のみんなにも感謝している。

**【パールより】** 私の〝リーンの探求〟を実現し、携わってくれた皆さんに、心からの感謝を。探求の旅が始まったのは一九九三年の一月、ある企業のリーン改革に参加し、その様子を調査する機会を得たときだった。新米の博士課程学生に門戸を開いてくれた皆さん、ありがとう。リーン探求の旅で重要な中間地点になったロンドン・ビジネススクールでは、クリストファー・A・フォス教授から優れた研究や調査とはどういったものなのか、たくさん教えていただいた。

私の旅の出発点でもありゴールでもあった家族にも、心から感謝している。シーラー、いつも我慢強く熱心にサポートしてくれてありがとう。そして私が家にいない日々をずっと我慢してくれたセバスチャンとソフィー。やっとこの本が完成したよ。

**【最後に】** 私たち二人の友であり、仲間であり、指導者でもあるクリステル・カールソン教授。あなたは二人が博士課程の学生だったときは比類なき指導者として、またそれ以外の場面でも私たちの考えの発展に大いに貢献してくれた。心から、お礼を申し上げたい。

ニクラス・モーディグ、パール・オールストローム

# 監訳者あとがき

組織にはゆとりが必要だ。スタッフを忙しくすることばかり考えている組織は、リソース効率偏重に陥り、二次ニーズの充足ばかりをしている生産性が低い集団であろう。生産性を高く保ち続けるにはフロー効率的であらねばならず、そこにはゆとりを許容する価値観が不可欠だと言える。

変化が激しく不確実な時代であるからこそ、組織には一定の割合で稼働せずに何もしない時間が必要になっている。つねに慌ただしくしている救急病院や消防署に頼りなさを感じるのと同様に、稼働率と機動性はトレードオフの関係になりがちである。

本書に限らず、組織的なゆとりの重要性を説く本は数多く出版されているが、いまだにそうした社会の実現には至っていない。本書を翻訳したきっかけのひとつは、リーダーシップ層にこれからの時代の最重要トピックである生産性とゆとりの関係性を知ってもらいたかったからである。フロー効率を組織の共通言語として、ゆとりを生み出す働き方への第一歩として本書をお役立ていただきたい。

新型コロナウィルス感染症の影響で、デジタル・トランスフォーメーションが急速に進んでいる。あらゆる経済活動がデジタル化する時代では、顧客接点がデジタルとなり、利用・消費シーンにおけるセルフサービス化が促進されている。デジタルな空間上で顧客に選ばれ続けるには、顧客志向でなければならない。

本書の内容を超えて、私たちはフロー効率という概念が顧客ニーズを起点に発想されている点に大きな可能性を感じている。フロー効率は組織を一次ニーズの充足にフォーカスさせるだけでなく、より一層の顧客志向へと導いてくれる。

一方で、その活用には具体的なノウハウが十分ではないことも事実である。本書の出版を起点に、日本国内でさまざまな産業におけるフロー効率化の実践に向けた議論を促せるように微力ながら活動をしていきたいと考えている。

最後に、本書の翻訳の機会を作り、刊行まで伴走してくださった翔泳社の渡邊康治さんに心から感謝申し上げる。そして、翻訳に際して数多くの有益なご意見をいただいた査読者（五十音順）の梶原健司さん、川口恭伸さん、小城久美子さん、渋谷修太さん、反中望さん、廣瀬一海さん、宮田大督さん、吉澤康弘さんに心から御礼を申し上げたい。

前田俊幸・小俣剛貴

# 参 考 文 献

本書の流れ《フロー》を妨げることがないように、参考文献は巻末に集めることにした。特定のトピックに特に関心のある読者向けに、読んでおいたほうがいいと思える文献も紹介している。本書は基礎しか扱わなかったが、リーンについては数多くの優れた書籍が出版されている。

## プロローグ

アリソンとサラのエピソードは架空の話ではあるが、そこで使った数字は、四二日と二時間という点も含めて、すべて実際の統計データから来ている。エピソードは二次データにもとづき、スウェーデン人の医療業界に所属する五人の人物に徹底的にチェックしてもらった。

アリソンの診断プロセスは従来の診断過程を示している。ただし、それぞれの診断ステップの順番や情報の流れは、いつも同じであるわけではないことを指摘しておく。国によってさまざまだし、国内でもばらつきがあるだろう。しかし、私たちの知る限り、本書で描写した形が多くの国における乳癌の診断プロセスにおおよそ一致している。本書での目的は、正確な診断プロセスを描写することではなく、世界の多くの国の医療でさまざまな疾患に対して広く用いられている特定の診断過程の問題点を指摘することにあった。

私たちがサラのエピソードとして紹介した物語に似た例は、さまざまな国のクリニックで見つけることができる。しかし、私たちがサラの診断過程として例示した話は、スウェーデン南部のスコーネ大学病院で行われた「ワンストップ・ブレスト・クリニック」試験をもとにしている。この試験は二〇〇四年の四月に始まり、二〇〇九年まで続けられた。詳細については、次の文献が参考になるだろう（どちらもスウェーデン語で書かれていて、残念ながら翻訳はされていない）。

Niklas Källberg, Helena Bengtsson and Jon Rognes (2011), 'Tid eller pengar: Vad fokuseras det på vid styrning av vård' (Time or Money: What is the Focus when Controlling Healthcare?), LHC Report 1-2011. Accessible online at www.leadinghealthcare.se.

Ingrid Ainalem, Birgitta Behrens, Lena Björkgren, Susanne Holm and Gun Tranström (2009), Från funktion till process till patientprocess – Bröstmottagningen, ett exempel (From Function to Process to Patient Process – the One-Stop Breast Clinic Example), Lunds Tekniska Högskola, Lund.

## 第一章

経済的な成長にとってリソースの有効利用がどれほど重要かを記した文献は数え切れないほど存在している。一七七六年、アダム・スミスは分業によって一人あたりのピンの生産数が劇的に上がる理由を説いた。スミスは、ピンづくりに必要な作業を一八の工程に分割し、従業員を一つの工程だけに特化した専門家にすることで、劇的に生産数が増える可能性を示した。

Adam Smith (1776/1937), An Inquiry into the Nature and Causes of the Wealth of Nations, Modern Library, New York.

一九〇〇年代前半、リソースの有効利用の重要性に多くの関心が集まった。その際、極めて影響力が強かった人物として、フレデリック・ウィンズロー・テイラーを挙げることができる。現在もまだ組織に影響を与えている科学的管理法運動の考案者だ。テイラーには数々の重要な功績があるが、特に有名なのは、彼がさまざまな大きさのシャベルを試して、労働者にとって最適なシャベルの負荷を割り出した研究だ。彼の功績の共通点は、個の労働者あるいは機械をリソースとみなし、それの利用のしかたに焦点を当てたことだった。

Frederick Winslow Taylor (1919), The Principles of Scientific Management, Harper Brothers, New York.

## 第二章

少し専門的ではあるが、組織におけるプロセスとその特徴については次がすばらしい。

Ravi Anupindi, Sunil Chopra, Sudhakar D. Deshmukh, Jan A. Van Mieghem and Eitan Zemel (2012), Managing Business Process Flows (3rd edition), Prentice Hall, Upper Saddle River, New Jersey.

組織内には有限かつ少数のプロセスしか存在しないという説は次を参照。

Thomas H. Davenport (1993), Process Innovation: Reengineering Work through Information Technology, Harvard Business School Press, Boston, Massachusetts.

価値付加時間と価値受領時間の違いの詳細な説明と価値移動の密度とスピードについては次が参考になる。

Takahiro Fujimoto (1999), The Evolution of a Manufacturing System at Toyota, Oxford University Press, Oxford.

本章は次の文献を書き直したものである。

Pär Åhlström (2010), 'Om processers betydelse för verksamhet-sutveckling i världsklass' (The Role of Processes when Developing World-class Operations) in Pär Åhlström (Ed.), Verksamhetsutveckling i Världsklass (Developing World-class Operations), Studentlitteratur, Lund.

## 第三章

次の文献では、プロセスの働きを支配する法則の数学的な解説がなされています。数学が得意な読者の興味をひくことでしょう。

Wallace J. Hopp and Mark L. Spearman (2000), Factory Physics: Foundations of Manufacturing Management, Irwin/McGraw-Hill, Boston, Massachusetts.

プロセスにおけるボトルネック現象の基礎は次を参照。

Eliyahu M. Goldratt and Jeff Cox (1986), The Goal: A Process of Ongoing Improvement, North River Press, Crotonon-Hudson, New York.

変動とリソース効率とスループット時間の関係について初めて言及したのはKingman (1966)である。この関係を、ブランド「ザラ（Zara）」を擁するスペインの服飾メーカーであるインディテックスの戦略を例に簡潔に概観するにはFerdows et al. (2004)が適している。

Sir John Frank Charles Kingman (1966), 'On the Algebra of Queues', Journal of Applied Probability, Vol. 3, No. 2, pp. 285–326.

Kasra Ferdows, Michael A. Lewis and Jose A.D. Machuca (2004), 'Rapid-Fire Fulfilment', Harvard Business Review, Vol. 82, No. 11, pp. 104–110.

本章は次の文献を書き直したものである。

Pär Åhlström (2010), 'Om processers betydelse för verksamhetsutveckling i världsklass' (The Role of Processes when Developing World-class Operations) in Pär Åhlström (Ed.), Verksamhetsutveckling i Världsklass (Developing World-class Operations), Studentlitteratur, Lund.

## 第四章

私たちが「余計な仕事」と呼ぶものは、ジョン・セドンがサービス業で頻繁に起こる現象を指して「フェイリア・デマンド」と呼んだものとよく似ている。フェイリア・デマンドとは、「顧客のために何かをすること、あるいは顧客に適した何かをすることに失敗したときに生じる需要」と定義されている。しかし、需要ではなく、そのような仕事がもつ性質をより強調するために、私たちは「余計な仕事」という言葉を用いた。フェイリア・デマンドについては次が参考になる。

John Seddon (2005), Freedom from Command and Control: Rethinking Management for Lean Service, Productivity Press, New York.

人の脳の性質と、情報処理能力の制限については、次を参照。

George A. Miller (1956), 'The Magical Number Seven, Plus or Minus Two: Some Limits on Our Capacity for Processing Information', Psychological Review, Vol. 63, No. 2, pp. 81–97.

## 第五章

フローを生むために用いられる手法の多くは、トヨタが開発したわけではない。それでも、フロー効率の高い製造業者というと、トヨタが真っ先に連想される。フロー生産の先駆者の歴史については次が優れている。

Frank G. Woollard and Bob Emiliani (2009), Principles of Mass and Flow Production, Center for Lean Business Management, Wethersfield, Connecticut.

本書では、トヨタ生産方式については意図的に短くまとめた。より詳細な歴史が書かれた文献は数多く存在する。〝張本人〟の手によるトヨタ生産方式の説明として、Ohno (1988)の一読を強く勧める。七つのムダの定義も、この本に見つけることができる。

Taiichi Ohno (1988), Toyota Production System: Beyond Large-Scale Production, Productivity Press, New York.

トヨタ生産方式の歴史については、次の論文が大いに参考になる。

Matthias Holweg (2007), 'The Genealogy of Lean Production', Journal of Operations Management, Vol. 25, No. 2, pp. 420–437.

トヨタ生産方式の発展を分析した良作として、次を指摘しておく。

Takahiro Fujimoto (1999), The Evolution of a Manufacturing System at Toyota, Oxford University Press, Oxford.

本章は次の文献を書き直したものである。

Niklas Modig (2010), 'Vad är lean?' (What is Lean?) in Pär Åhlström (Ed.), Verksamhetsutveckling i Världsklass (Developing World-class Operations), Studentlitteratur, Lund.

## 第六章

本章で紹介したリーンとトヨタに関する文献は、全体のほんの一部に過ぎない。それらを本章内での登場順に列挙する。

Taiichi Ohno (1988), Toyota Production System: Beyond Large-Scale Production, Productivity Press, New York.

John Krafcik (1988), 'Triumph of the Lean Production System', Sloan Management Review, Vol. 30, pp. 41–52.

James P. Womack, Daniel T. Jones and Daniel Roos (1990), The Machine that Changed the World, Rawson Associates, New York.

James P. Womack and Daniel T. Jones (1996), Lean Thinking: Banish Waste and Create Wealth in your Corporation, Simon and Schuster, New York.

Takahiro Fujimoto (1999), The Evolution of a Manufacturing System at Toyota, Oxford University Press, Oxford.

Steven Spear and H. Kent Bowen (1999), 'Decoding the DNA of the Toyota Production System', Harvard Business Review, Vol. 77, No. 5, pp. 96–106.

Jeffrey K. Liker (2004), The Toyota Way: 14 Management Principles from the World's Greatest Manufacturer, McGraw Hill, New York.

調査は二〇一〇年一一月に、エーリク・A・フォースマンとダン・スピネリ・スカラによって、彼らの修士論文の一環として、ストックホルム商科大学で行われた。

## 第七章

理論構築の抽象度、反証可能性、有用性、あるいはほかのパーツについては次の論文が詳しい。

Samuel B. Bacharach (1989), 'Organisational Theories: Some Criteria for Evaluation', Academy of Management Review, Vol. 14, No. 4, pp. 496–515.

Chimezie A. B. Osigweh, Yg. (1989), 'Concept Fallibility in Organizational Science', Academy of Management Review, Vol. 14, No. 4, pp. 579–594.

David A. Whetten (1989), 'What Constitutes a Theoretical Contribution?' Academy of Management Review, Vol. 14, No. 4, pp. 490–495.

本章は次の文献を書き直したものである。

Niklas Modig (2010), 'Vad är lean?' (What is Lean?) in Pär Åhlström (Ed.), Verksamhetsutveckling i Världsklass (Developing World-class Operations), Studentlitteratur, Lund.

## 第八章

ビジネス戦略と企業が直面する選択については次を参照。

Michael E. Porter (1980), Competitive Strategy, Free Press, New York.

Michael E. Porter (1996), 'What is Strategy?', Harvard Business Review, Vol. 74, No. 6, pp. 61–78.

オペレーション戦略について理解を深めるには次が適している。

Hill, Alex and Hill, Terry (2011), Essential Operations Management, Palgrave Macmillan, London.

Nigel Slack and Michael Lewis (2015), Operations Strategy, Pearson Education, London.

本章は次の文献を書き直したものである。

Niklas Modig (2010), 'Vad är lean?' (What is Lean?) in Pär Åhlström (Ed.), Verksamhetsutveckling i Världsklass (Developing World-class Operations), Studentlitteratur, Lund.

### 第九章

トヨタ自動車株式会社とトヨタ自動車ディーラー網に関係する情報のすべては、ニクラス・モーディグが二〇〇六年四月から二〇〇八年三月にかけて、東京大学の「ものづくり経営研究センター」にて行った大規模調査の一環として集めたものである。
トヨタ販売店物流の説明はhttp://toyota.jp/after_service/syaken/sonoba/index.html (accessed on May 10, 2015)を参照。

### 第一〇章

トヨタ自動車株式会社とトヨタ自動車ディーラー網に関係する情報のすべては、ニクラス・モーディグが二〇〇六年四月から二〇〇八年三月にかけて、東京大学の「ものづくり経営研究センター」にて行った大規模調査の一環として集めたものである。
西田氏は架空の人物ではあるが、内容的にはニクラス・モーディグが日本国内のトヨタ自動車株式会社とトヨタ自動車ディーラー網のマネジャーや従業員を相手にした数多くのインタビュー、討論、あるいはおしゃべりなどから着想を得た物語（説明、例示、たとえ話など）だ。

本章は次の文献を書き直したものである。

Niklas Modig (2010), 'Vad är lean?' (What is Lean?) in Pär Åhlström (Ed.), Verksamhetsutveckling i Världsklass (Developing World-class Operations), Studentlitteratur, Lund.

### 第一一章

大庭氏のエピソードは、今では都市伝説のようになっているが、おそらく実話にもとづいている。著者の一人が、このエピソードを二〇一〇年の一一月にスウェーデンで開かれた会議で、ジェフリー・K・ライカー教授から初めて聞いた。

本章は次の文献を書き直したものである。

Niklas Modig (2010), 'Vad är lean?' (What is Lean?) in Pär Åhlström (Ed.), Verksamhetsutveckling i Världsklass (Developing World-class Operations), Studentlitteratur, Lund.

## 著 者

### ニクラス・モーディグ　Niklas Modig

2004年から2018年までストックホルム・スクール・オブ・エコノミクスの研究員、2006年から2008年まで東京大学の客員研究員を務める。日本語に堪能で、トヨタのサービス組織の内部で多くの時間を過ごす機会を得て、その哲学の非製造業への適用可能性を研究した。リーン・サービスとリーン・マネジメントの分野におけるパワフルな講師として指導的な地位を確立している。

www.niklasmodig.com

### パール・オールストローム　Pär Åhlström

ストックホルム・スクール・オブ・エコノミクスで経営学のトルステン＆ラグナー・シェーダーバーグチェアを務める。前職はチャルマーズ工科大学とロンドン・ビジネス・スクール。リーン研究において20年以上の経験をもつ本分野の第一人者。リーンに関して製造業、製品開発、そして近年ではサービス分野についても著作を出している。研究成果は広く引用されており、数々の受賞歴をもつ。

www.parahlstrom.com

## 監 訳 者

### 前田 俊幸　まえだ・としゆき

UXリサーチャー、ストラテジスト。東京大学工学部PSI卒、学際情報学修士。新卒でUXコンサル企業に入社後、大手企業の顧客中心によるサービス開発やCXマネジメント支援、また自社SaaS事業のPdM／CSを担当後、外資系ゲーム会社でのUXリサーチャーを経て、現在AIスタートアップ企業にてプロダクト部門を統括。『ユーザエクスペリエンスのためのストーリーテリング』（丸善出版）など多数翻訳。

Twitter: @t_maeda

### 小俣 剛貴　おまた・ごうき

プロダクトマネージャー。慶應義塾大学商学部卒。スタートアップやベンチャーキャピタル、金融機関、コンサルタントなどさまざまな立場からプロダクト開発や事業開発を担当し、現在は社会課題解決を志向するAIスタートアップでプロダクト開発チームの支援に従事。

## 訳 者

### 長谷川 圭　はせがわ・けい

英語・ドイツ語翻訳者。高知大学人文学部卒。ドイツ・イエナ大学大学院修士課程修了。訳書に『邪悪に墜ちたGAFA』（日経BP）、『ポール・ゲティの大富豪になる方法』（パンローリング）、『まどわされない思考』（KADOKAWA）、『カテゴリーキング──Airbnb、Google、Uberは、なぜ世界のトップに立てたのか』（集英社）、『樹木たちの知られざる生活』（早川書房）などがある。

ブックデザイン　小口翔平＋阿部早紀子（tobufune）
組版・イラスト　BUCH⁺

# This《ディス》 is《イズ》 Lean《リーン》

## 「リソース」にとらわれずチームを変える
## 新時代のリーン・マネジメント

2021年 3 月15日初版第1刷発行
2023年10月 5 日初版第2刷発行

著　者　ニクラス・モーディグ
　　　　パール・オールストローム
監訳者　前田《まえだ》 俊幸《としゆき》
　　　　小俣《おまた》 剛貴《ごうき》
訳　者　長谷川《はせがわ》 圭《けい》
発行人　佐々木 幹夫
発行所　株式会社 翔泳社
　　　　（https://www.shoeisha.co.jp/）
印刷・製本　株式会社 広済堂ネクスト



ISBN978-4-7981-6951-4

Printed in Japan